华 章 图 书

一本打开的书，一扇开启的门，

通向科学殿堂的阶梯，托起一流人才的基石。

www.hzbook.com

Koa开发
入门、进阶与实战

KOA IN ACTION: FROM NOVICE TO MASTER

刘江虹　著

机械工业出版社
China Machine Press

图书在版编目（CIP）数据

Koa 开发：入门、进阶与实战 / 刘江虹著 . -- 北京：机械工业出版社，2022.1
（Web 开发技术丛书）
ISBN 978-7-111-39086-2

I. ① K⋯ II. ①刘⋯ III. ① JAVA 语言 – 程序设计 IV. ① TP312.8

中国版本图书馆 CIP 数据核字（2022）第 011295 号

Koa 开发：入门、进阶与实战

出版发行：机械工业出版社（北京市西城区百万庄大街 22 号 邮政编码：100037）
责任编辑：韩 蕊
责任校对：殷 虹
印　　刷：文畅阁印刷有限公司
版　　次：2022 年 2 月第 1 版第 1 次印刷
开　　本：147mm×210mm 1/32
印　　张：8
书　　号：ISBN 978-7-111-39086-2
定　　价：89.00 元

客服电话：（010）88361066 88379833 68326294　　投稿热线：（010）88379604
华章网站：www.hzbook.com　　　　　　　　　　　　读者信箱：hzjsj@hzbook.com

为什么要写这本书

目前大型互联网公司对于前端工程师的需求越来越大，一些高级的前端岗位依然非常缺人，候选人的面试通过率却非常低。究其原因，这些互联网公司对于前端工程师的要求越来越高，它们希望候选人不局限于掌握浏览器，也要掌握一些偏后端的技能。对于前端工程师来说，因为其所用的编程语言就是我们熟悉的 JavaScript，所以学习 Node 比较轻松。Koa 是 Node 中使用比较广泛的一个框架，非常值得前端工程师学习，这是我写本书的主要原因。

我在上一家公司主要负责 Node 中间层架构，我开发的 BFF框架服务于公司内部的各个业务。在任职期间，我不断帮助业务方解决线上、线下的各种疑难问题，这让我对 Node 有了更加深入的理解，并且积累了很多 Node 的使用经验。写这本书也是想分享我的一些经验，帮助大家在技术道路上走得更远，引导大家向全栈方向迈进。

Koa 在业界使用比较广泛，很多知名的 BFF 框架（比如 Egg）都基于 Koa 实现。如果能够透彻理解 Koa，那么对于公司内部或者技术社区里的一些 BFF 框架就能够轻松驾驭。本书由浅入深地讲解了 Koa 的应用场景以及实例代码。

读者对象

- ❑ 想成为全栈工程师的前端技术人员。
- ❑ 希望顺利入职大型互联网公司的前端工程师。
- ❑ 对 Node、Koa 有学习热情的前端工程师。
- ❑ 对开源技术充满热情的前端工程师。

本书特色

本书除了讲解 Koa 的基础知识，还讲解了如何从零开始搭建一个企业级 BFF 框架，读者可以学到从架构设计到工程搭建的知识，也可以边学边写，自己写一个 BFF 框架，这样对于提升自身的技术能力有很大帮助。

如何阅读本书

本书分为四部分。

第一部分 "Koa 基础"（第 1、2 章），主要介绍 Koa 的基础概念以及基本用法。

第二部分 "Koa 进阶"（第 3、4 章），一方面讲解 Koa 的源码实现，帮助读者深入理解 Koa 的底层实现逻辑，另一方面着重讲解 Koa 在实际业务场景中可能会遇到的问题以及解决方法。

第三部分 "Koa 实战"（第 5 章）主要讲解如何从零开始搭建一个企业级 BFF 框架，涉及架构设计、工程建设以及企业内常见业务场景的解决方案。

第四部分"Node"（第6、7章），讲解 Node 中一些比较常见但难以理解的概念，并对 Node 底层架构进行解读。

这四部分内容由浅入深，涵盖了 Koa 的绝大多数知识点。读者只要掌握了本书内容，就一定能灵活运用 Koa 和 Node。

勘误和支持

由于作者的水平有限，书中难免会出现一些错误或者不准确的地方，恳请读者批评指正。如果有疑问，欢迎将问题发送到我的邮箱 ljhtianhong@163.com。期待得到你们的真挚反馈！

致谢

非常感谢李成银、李玉北、吴亮（月影）、陈辰四位前辈为本书写推荐语，在写作过程中他们也提供了很多帮助。

感谢抖音电商业务架构组的同事们，他们是张浩、王成、张志强、孙海阳、吕益行、谷云龙、李喆明、王锐、韩庆新、张亚钦、王玉旸、张超、耿琳淇。

感谢机械工业出版社华章公司的编辑杨福川、陈洁和韩蕊。他们的鼓励和帮助使我得以顺利完成全部书稿。

感谢我的妻子张蕾，她在生活中支持我、鼓励我，让我有动力写作。

谨以此书献给我最亲爱的家人，以及众多热爱 Koa、热爱Node 的朋友们！

目 录 *Contents*

第二部分　Koa 进阶

IX

第三部分 Koa 实战

第四部分 Node

Koa 基础

简单来说，Koa 就是一个 Node 框架。在 Node 开源社区中，Koa 的使用范围非常广，如果能够掌握 Koa 的使用方法，就能够轻松应对业界的一些 BFF（Backends For Frontends，服务于前端的后端）框架。

第一部分主要介绍 Koa 的基础知识，包括 Koa 的环境搭建、Koa 中间件的使用方法，以及使用中间件实现路由、静态服务器等功能。

这一部分将通过代码实例进行分析，这样读者能够通过代码逻辑进行思考，更适合新知识的学习。

Koa 介绍

从早期的单纯切页面，到后来的大前端时代的到来，前端技术一直在不断变化。前端的工作场景也不再局限于浏览器，而是扩展到了后端、移动端等不同场景。

那么 Node 能做哪些事情呢？前端项目经常用到的 Webpack、Babel 其实都是用 Node 写的，目前 Node 社区非常活跃，也诞生了不少优秀的框架，Koa 就是其中的佼佼者。Koa 的设计非常巧妙，但是整体并不复杂，在其基础上也很容易开发 BFF 框架，如阿里的 Egg 就是基于 Koa 开发的。本章将介绍 Koa 的诞生背景、安装环境准备等基础知识。

1.1 Koa 的诞生

在介绍 Koa 之前，我们先了解一下 Node 的发展史。Node 是在 2009 年由 Ryan Dahl 开发的，它基于 Chrome 的 V8 JavaScript 引擎，因为具有非阻塞、事件驱动的 I/O 模型和轻量级环境等特点，所以吸引了不少开发者。重要的是，Node 框架可以用 JavaScript 进行编程，这对于前端开发者来说太友好了。

在 Node 诞生的第二年，也就是 2010 年，一款强大的 Web 框架诞生了，它就是 Express。Express 集成了中间件、路由、模板等通用能力，在使用上，为开发人员节省了很多时间，提高了开发效率，因而备受青睐。慢慢地，Express 的缺点也暴露出来了——内置的能力太多，本身过于臃肿，且不易扩展。在 2013 年，Express 的原班人马决定重新打造一款 Web 应用框架，于是 Koa 就诞生了。

Koa 不再使用 Node 的 req 对象和 res 对象，而是封装了自己的 ctx.request 和 ctx.response。整体实现简单、巧妙、易于扩展。在 Node 支持 async/await 语法后，Koa 2 抛弃了 generator/yield 的写法，运用 async/await，使得代码更加优雅。

1.2　如何全面掌握 Koa

无论是哪种技术或者哪种框架，想要掌握它，第一步就是会使用，不要一上来就看源码，虽然阅读源码是透彻理解的前提，但是最好不要在刚接触时就攻源码，除非这个框架比较简单。

笔者主要从事搭建架构相关的工作，学习并实践过很多知名的开源框架，有午余个业务项目实战经验，本节介绍笔者在 Koa 的学习和使用方面积累的经验。正确学习 Koa 的顺序如图 1-1 所示。

图 1-1　学习 Koa 的顺序

1. 会使用

学习一个新框架之初，会使用是第一步。Koa 也不例外，学习 Koa 的第一步就是要学会如何使用 Koa 提供的一些功能，比如中间件、创建服务等。我们可以通过阅读官方文档学习使用 Koa，需要注意的是，在阅读官方文档的时候，一定要写 demo，然后看运行结果，这样对于 Koa 的理解是有一定帮助的。

2. 懂源码

在会使用的基础上，下一步就是懂源码了。在读懂源码的过程中，一方面要全面了解 Koa 的内部实现，只有扎实掌握 Koa 的源码，才能在面对实战中一些复杂应用时做到游刃有余。另一方面要学习 Koa 中的一些优秀设计，将其复用到你的项目里，你就成为一个能力出众的程序员了。

很多互联网公司喜欢考察"八股文"，其实就是在考察开发者的源码能力。以 Koa 为例，如果可以很快地写出合并中间件、代理对象属性等相关实现，那说明你对相关知识已经掌握得非常好了。其他社区里优秀的框架也一样，如果想全面掌握，还是需要理解源码实现的。

提示 "八股文"指的是手写库函数或者框架的实现思路。

---

3. 善应用

在熟练使用并理解源码后，第三步就是实战了。目前业界很多 BFF 框架都是基于 Koa 写的。我们利用 Koa 解决业务场景中的各种问题，才能把 Koa 的价值发挥出来。

本书的讲解思路基本符合上述顺序，除了讲解 Koa 本身，还会介绍如何基于 Koa 搭建一个企业级 BFF 框架、如何设计中间件，以及在实现中需要注意哪些问题。虽然从开始搭建一款框架是有一定难度的，但只要耐心学习，就能够在技术上更上一层楼。另外，这样的实战经历也有助于你求职面试。

1.3　环境准备

在使用 Koa 之前，读者需要准备一下 Node 环境。无论是什么系统，都可以到 Node 官网上下载并安装，下载地址是 https://nodejs.org/en/download/。

笔者的电脑是 Mac 系统，并且已经安装了 Node 环境，版本是最新的 LTS。在控制台输出 Node 版本即可检查系统是否已经安装了 Node 环境，如图 1-2 所示。

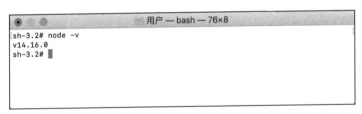

图 1-2　查看 Node 版本

有版本输出，说明已经安装了 Node 环境。接下来，需要安装 Koa 依赖，目前比较流行的工具是 npm、yarn 以及 pnpm，本书以 npm 为例进行讲解。在安装 Koa 之前，需要新建一个简单的工程项目，读者可以使用以下命令初始化一个工程项目。

```
$ npm init
```

初始化后，会生成一个 package.json 文件，该文件用来描述项目信息以及依赖等相关内容。接下来就可以安装 Koa 依赖了，命令如下。

```
$ npm install --save koa
```

> 💡提示 这里注意一下 --save 和 --save-dev 的区别。--save 会将模块
> 依赖写入 dependencies 节点，--save-dev 会将模块依赖写入
> devDependencies 节点。当运行 npm install -production 命令
> 或者 NODE_ENV 变量为 production 时，安装 dependencies
> 下的依赖，不安装 devDependencies 下的依赖。

安装 Koa 依赖之后，就可以编写一个简单的 Koa 程序了。这里实现一个简单的服务——功能通过浏览器访问，页面输出 hello world 字样，代码如下。

```
const Koa = require('koa');
const app = new Koa();

app.use( async ( ctx ) => {
    ctx.body = 'hello world'
});

app.listen(4000);
console.log('server is running, port is 4000');
```

然后运行 Node 环境，启动该服务，命令如图 1-3 所示。

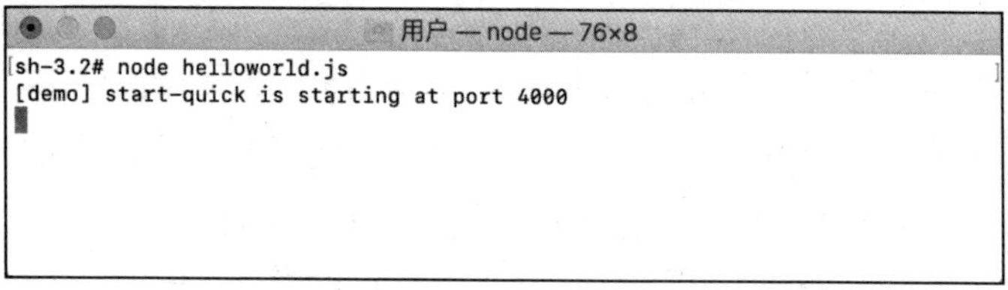

图 1-3　运行 Koa 程序

接下来打开 Chrome 浏览器，访问 http://127.0.0.1:4000/ 即可，会看到页面返回了 hello world，输出效果如图 1-4 所示，说明服务正常启动了。

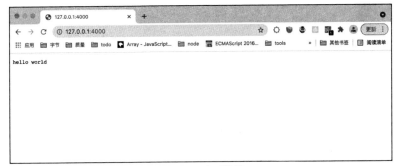

图 1-4　页面效果

1.4　本章小结

本章主要介绍了 Koa 的历史、如何学习 Koa 以及 Koa 环境搭建的方法。本书后续内容会按照 1.2 节中提到的学习顺序进行阐述。

Koa 入门

即使是初学 Koa 的人，对于中间件这个概念也并不陌生，但在一些实际业务场景中，并不能熟练使用中间件，比如下面的场景。

❑ 在实际业务场景中，如何使用路由功能为前端提供后端接口。

❑ 在 POST 请求中，如何获取 body 参数。

❑ 在 Web 应用存在登录功能时，如何对 Cookie 做相应处理。

本章将针对上述问题以及业务场景中经常使用的 Koa 基础技能进行讲解，从一些简单场景入手，通过实例代码进行阐述，帮助读者全面掌握 Koa 的基础使用方法。

 提示 如果读者有一定的 Koa 基础，可以跳过本章，直接从第 3 章开始阅读。

2.1　中间件的使用

中间件是 Koa 的精髓，也是 Koa 最重要的一部分。如果读者能够很好地理解中间件的原理并运用自如，那么就掌握了 Koa 的基础知识。

那么怎么理解中间件呢？读者应该听过杨宗纬的一首歌曲《洋葱》，里面有句经典歌词是这么写的："如果你愿意一层一层一层地剥开我的心，你会发现，你会讶异，你是我最压抑、最深处的秘密……"中间件的运行原理就可以类比为洋葱结构，每一个中间件就相当于洋葱的一层结构，不同中间件可以实现不同的功能，比如，当一个请求发送过来，最外层的中间件可以判断请求是否是恶意攻击，如果是恶意攻击，那么该中间件就会直接把请求拒之门外。下面简单看一下洋葱模型的构造，如图 2-1 所示。

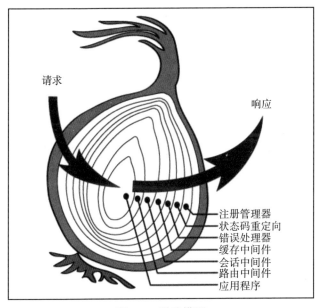

图 2-1　洋葱模型

图 2-1 能够很好地解释 Koa 中间件的功能和结构，请求从左侧进入，响应从右侧离开，中间件可以在每一层设置关卡，做不同类型的工作，这就是 Koa 的中间件原理。下面用一个实例来直观地了解中间件的执行过程，代码如下。

```
const Koa = require('koa')
const app = new Koa()
app.use(async (ctx, next) => {  // 第一个中间件
  console.log('---1--->')
  await next()
  console.log('===6===>')
})
app.use(async (ctx, next) => {  // 第二个中间件
  console.log('---2--->')
  await next()
  console.log('===5===>')
})
app.use(async (ctx, next) => {  // 第三个中间件
  console.log('---3--->')
  await next()
  console.log('===4===>')
})

app.listen(4000, () => {
  console.log('server is running, port is 4000')
})
```

这里 app.use() 是一个回调函数，该回调函数有两个参数，一个是 ctx，一个是 next() 函数，读者可以把 app.use() 理解为一个中间件，那么上述代码就有 3 个中间件了，每个中间件以 await next() 函数为分界，上面的代码对应洋葱模型的左侧，下面的代码对应洋葱模型的右侧。通过类比，上述代码的输出结果也就很好理解了，输出结果如图 2-2 所示。

通过上述实例，读者可以进行扩展性的思考，这里的 console.log() 函数是不是可以做一些其他的工作，比如收集请求，用于监控，或者收集日志做日志模块，方便排查问题等。

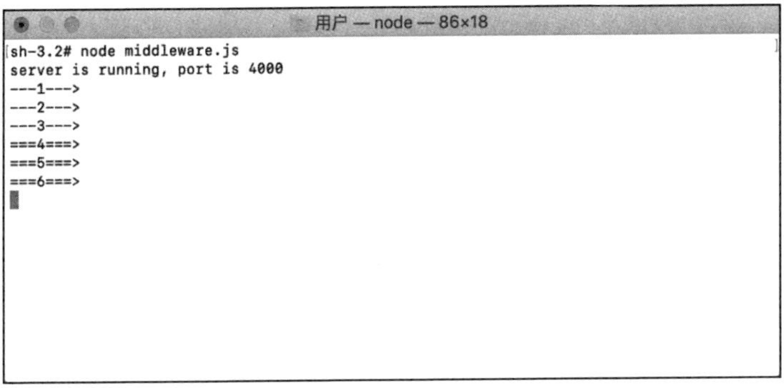

图 2-2　中间件运行结果

2.2　路由该怎么写

在介绍 Koa 路由的使用之前，先解释一下路由这个概念，路由（router）的广义概念是通过互联网把信息从源地址传输到目的地址的活动。在大前端领域内还有前端路由和后端路由的区别。

- ❑ 前端路由：浏览器提供了监听 URL 的相关事件，用于进行相关的处理。
- ❑ 后端路由：拿到请求对象里的 URL，根据 URL 实现相应的逻辑。

关于 Koa 的路由，本节先介绍两种简单的路由实现方式：一种是原生路由实现，即通过 request 对象的 URL 属性进行判断，做相应的逻辑处理；另一种是使用 koa-router 中间件来实现路由。

2.2.1　原生路由实现

原生路由实现比较简单，通过判断 request 对象的 URL 属性，做相应处理即可，实例代码如下。

```
const Koa = require('koa')
const app = new Koa()

app.use(async (ctx) => {
  const url = ctx.request.url
  let content = ''
    switch (url) {
      case '/api/get/userInfo':
        content = '200: this is getUserInfo request'
        break;
      case '/api/update/userInfo':
        content = '200: this is updateUserInfo request'
        break;
      default:
        content = '404: no router match'
        break;
    }
    ctx.body = content
})
app.listen(4000)
console.log('server is running, port is 4000')
```

上述代码中，两个 case 处理两个不同的路由，用 default 来对路由进行兜底，如果没有匹配到，就返回 404。这种写法不是很优雅，在实际项目中不这么写，一般会用 Koa 的中间件 koa-router 来实现路由。

2.2.2 利用 koa-router 中间件实现

下面介绍一下 koa-router 的使用方法，首先还是需要安装 koa-router 的依赖，命令如下。

```
$ npm install --save koa-router
```

然后通过一个简单的实例来学习一下该中间件如何使用，代码如下。

```
const Koa = require('koa')
const app = new Koa()
```

```
const Router = require('koa-router')

const router = new Router()

router.get('/api/get/userInfo', async ( ctx ) => {
  ctx.body = '200: this is getUserInfo request'
})

router.get('/api/update/userInfo', async ( ctx ) => {
  ctx.body = '200: this is updateUserInfo request'
})

// 加载路由中间件
app.use(router.routes()).use( async ( ctx ) => {
  ctx.body = '404: no router match'
})

app.listen(4000, () => {
  console.log('server is running, port is 4000')
})
```

上述代码基本上是把原生路由的实现用 koa-router 重写了一遍，可以看到，koa-router 的写法更优雅一些，更符合我们平时的书写习惯。

其实在一些中间层框架里，还有一种比较优雅的实现方式，是通过文件路径来匹配路由的。比如，还是以上述路由功能为例，路由文件目录如图 2-3 所示。

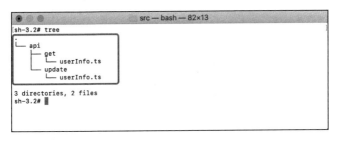

图 2-3　路由文件目录

目录的路径和路由是有映射关系的,这样在写业务逻辑的时候,就更纯粹了,本节暂时不深入介绍这种路由的实现。

2.3 静态服务器

在早期的 Web 世界里,前端功能非常简单,就是单纯的页面展示,为了让这些静态页面通过互联网呈现给用户,需要将前端页面部署到一台服务器上,这就是静态服务器的概念。之前,很多人会用 Nginx、Apache 等部署一个静态服务器,部署前端项目后,就可以在浏览器访问了。其实静态服务器起到了提供一个读取静态文件(包括 js、css、png 等文件)、静态目录的作用。Koa 也可以实现静态服务器的功能,本节带领读者部署一个介绍性的官网到 Koa 静态服务器上。

本节会介绍两种实现方式:一种是利用 Koa 中间件实现,这种方式比较简单,可以用现成的包;另一种是原生方式实现,这种方式虽然比较复杂,但是能够还原静态服务器的一些本质,利于理解原理。

现在要展示一个静态站点,最终实现的页面效果如图 2-4 所示。

图 2-4　静态站点效果图

2.3.1　koa-static 中间件的使用

静态服务器功能可以利用 Koa 的中间件 koa-static 实现，读者可以通过官方文档（https://github.com/koajs/static）进行了解。koa-static 是一个 npm 包，在使用之前，需要先安装这个 npm 包，命令如下。

```
$ npm install --save koa-static
```

在分析代码之前，先展示一下项目组成，如图 2-5 所示。

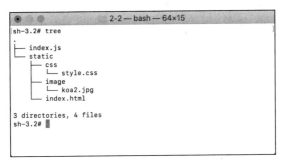

图 2-5　目录介绍

图 2-5 中，static 目录下存放的是静态文件，index.js 文件是 Koa 部分的逻辑实现。

index.js 文件的代码如下。

```
const Koa = require('koa')
const path = require('path')
const static = require('koa-static')

const app = new Koa()

// 静态资源目录对于相对入口文件 index.js 的路径
const staticPath = './static'

app.use(static(
  path.join( __dirname,  staticPath)
```

```
))

app.listen(4000, () => {
  console.log('server is running, port is 4000')
})
```

2.3.2　如何实现一个静态服务器

如果不用 Koa 中间件，如何原生实现一个静态服务器呢？实现思路可以概括为通过请求的 URL 来读取静态文件。静态服务器通过请求把内容展示到页面上，只不过不同的静态资源，其 mime type 不同，能够对应起来即可。接下来看一下实现逻辑，代码如下。

```
const Koa = require('koa')
const fs = require('fs')
const path = require('path')

// 设置一个mime map，因为本项目只涉及3种类型，所以这里只列3种
const MIMES_MAP = {
  'css': 'text/css',
  'html': 'text/html',
  'jpg': 'image/jpeg'
}

const app = new Koa()

// 静态资源目录对于相对入口文件index.js的路径
const staticPath = './static'

// 解析资源类型
function parseMime( url ) {
  let extName = path.extname( url )
  extName = extName ? extName.slice(1) : 'unknown'
  return  MIMES_MAP[extName]
}

app.use( async ( ctx ) => {
  // 静态资源目录在本地的绝对路径
```

```
    let fullStaticPath = path.join(__dirname, staticPath)

    // 获取静态资源内容，有可能是文件内容、目录或 404
    let content = fs.readFileSync(path.join(fullStaticPath,
      ctx.url), 'binary' )

    // 解析请求内容的类型
    let mime = parseMime(ctx.url)

    // 如果有对应的文件类型，就配置上下文的类型
    if (mime) {
      ctx.type = mime
    }

    // 输出静态资源的内容
    if ( mime && mime.indexOf('image/') >= 0 ) {
      // 如果是图片，则用 Node 原生 res，输出二进制数据
      ctx.res.writeHead(200)
      ctx.res.write(content, 'binary')
      ctx.res.end()
    } else {
      // 其他则输出文本
      ctx.body = content
    }
  })

  app.listen(4000, () => {
    console.log('server is running, port is 4000')
  })
```

通过一个 map 对静态资源类型和 mime type 做映射，再依据请求中的 URL 来读取对应的资源，再将其放回前端进行展示。

🎯 提示　在 JavaScript 中，要善于利用 map 做代码优化，比如 if else、switch case 的逻辑，多数情况可以用 map 来重写，完善后的代码会更加优雅且易于维护。

2.4 模板引擎

在 Web 开发的场景中，页面数据往往是后端提供的，前端开发者得到接口数据后，通过一定的逻辑处理，将其呈现到页面上。在有很多相似页面且数量比较多的情况下，如果通过人工回填所有数据，会增加很多重复的工作，有没有一种机制能够解决这种问题呢？当然有，模板引擎就能解决这个问题。

在 Koa 中，模板引擎如何使用呢？模板引擎的功能实现需要用到中间件 koa-views，其支持很多模板引擎，本节主要介绍 ejs 和 pug 的使用方法。

---

 koa-views 支持的模板引擎详情见 https://github.com/tj/consolidate. js#supported-template-engines。

2.4.1 ejs 模板的使用

在使用 ejs 模板之前，我们需要先了解一下 ejs 是什么。ejs 是一套简单的模板语言，帮助我们利用 JavaScript 代码生成 HTML 页面。读者可以到 ejs 官网（https://ejs.bootcss.com/）上查看相关文档。

假如现在要实现一个简单的页面，效果如图 2-6 所示。

如果通过 ejs 模板引擎实现，代码如下。

```
<!DOCTYPE html>
<html>
<head>
    <title><%= title %></title>
</head>
<body>
    <h1><%= title %></h1>
```

```
    <p>Welcome to <%= title %></p>
</body>
</html>
```

图 2-6　要实现的效果图

上述代码中，title 是变量，传入的值将显示到页面上。ejs 的详细使用方法可参考文档 https://github.com/mde/ejs。

Koa 中的模板功能实现需要用到中间件 koa-views，代码如下。

```
const Koa = require('koa')
const views = require('koa-views')
const path = require('path')
const app = new Koa()

// 加载模板引擎
app.use(views(path.join(__dirname, './view'), {
  extension: 'ejs'
}))

app.use( async ( ctx ) => {
  let title = 'koa'
  await ctx.render('index', {
    title,
  })
})
```

```
app.listen(4000, () => {
  console.log('server is running, port is 4000')
})
```

运行该文件，打开浏览器访问 http://127.0.0.1:4000/ 即可看到图 2-6 所示的效果。

提示 如果直接运行上述代码会抛出异常，读者需要自行安装 ejs，无论使用哪个模板引擎，都需要安装 ejs。

2.4.2　pug 模板的使用

pug 也是使用比较广泛的模板引擎，使用 pug 如何实现图 2-6 所示的效果呢？具体代码如下。

```
// view/index.pug
doctype html
html
  head
    title Koa Server Pug
  body
    h1 #{title}
    p Welcome to #{title}
```

具体的 pug 语法可参考官方文档 https://github.com/pugjs/pug。Koa 的实现就是把 ejs 改成 pug，具体代码如下。

```
// index.js
const Koa = require('koa')
const views = require('koa-views')
const path = require('path')
const app = new Koa()

// 加载模板引擎
app.use(views(path.join(__dirname, './view'), {
  extension: 'pug'
}))
```

```
app.use( async ( ctx ) => {
  let title = 'koa'
  await ctx.render('index', {
    title,
  })
})

app.listen(4000, () => {
  console.log('server is running, port is 4000')
})
```

2.5　处理请求数据

在实际项目中，HTTP 请求的场景是最普遍的。请求也包括很多类型，如 get、post 等。后端收到这些请求后，需要解析参数，Koa 本身可以解析 get 请求参数，不能解析 post 请求参数。本节介绍 Koa 如何应对各类请求场景。

先看一下 Koa 对 get 请求的处理逻辑，代码如下。

```
const Koa = require('koa')
const app = new Koa()
const Router = require('koa-router')
const router = new Router()

router.get('/api/get/userInfo', async (ctx) => {
  const { name } = ctx.request.query
  ctx.body = `请求参数为 ${name}`
})

// 加载路由中间件
app.use(router.routes())

app.listen(4000, () => {
  console.log('server is running, port is 4000')
})
```

我们用 postman 做一下 get 请求测试，在链接 http:// 127.0.0.1: 4000/api/get/userInfo?name=liujianghong 中 query 的参数为 name=

liujianghong，则上述代码的返回结果就是"请求参数为 liujiang-hong"。

主要看一下 post 请求的参数处理，请求参数是 {"name"："liujianghong"}，由于 Koa 自身没有解析 post 请求参数的功能，因此需要安装一个 Koa 中间件 koa-bodyparser。我们主要看一下逻辑实现，代码如下。

```
const Koa = require('koa')
const app = new Koa()
const Router = require('koa-router')
const bodyParser = require('koa-bodyparser')
const router = new Router()

app.use(bodyParser())
router.post('/api/get/userInfo', async (ctx) => {
  let { name } = ctx.request.body
  ctx.body = `请求参数为 ${name}`
})

// 加载路由中间件
app.use(router.routes())

app.listen(4000, () => {
  console.log('server is running, port is 4000')
})
```

使用 koa-bodyparser 中间件后，post 请求的参数会被自动解析成 JSON 格式，这在实际项目中是非常实用的，如果用的是开源的 BFF 框架，那么该功能应该被集成到框架中了。

2.6 Cookie 和 Session

大家都知道，在做 Web 项目时，用户登录系统是需要鉴权的，无论是什么方式的鉴权，都需要在浏览器上记录一个登录态，通用的实现方式是在 Cookie 上种一个字符串，下次请求的时候会带上这个 Cookie 进行鉴权。

2.6.1　你真的了解 Cookie 吗

我们首先了解一下 Cookie 的背景，当年网景公司有一个程序员为了解决用户网购查看购物车历史记录的问题，提出了 Cookie 这个概念，后来发现该设计确实能解决 HTTP 无状态的问题，于是该方案被各大浏览器所采用。那么什么是 HTTP 无状态呢？这里举一个生活中的例子来解释一下。

一天早上，我碰到了门卫王大爷，如果是在有状态的情况下，对话是下面这样的。

我：王大爷早上好，我是小刘。

王大爷：哦，小刘呀，早上好啊。

我：王大爷，我要去上班了，帮我开一下门。

王大爷：好嘞。

王大爷在第一次对话中，知道了我的身份，即小刘，那发起下一次对话的时候，王大爷就知道我是小刘了。如果是在无状态的情况下，对话就是下面这样了。

我：王大爷早上好，我是小刘。

王大爷：哦，小刘呀，早上好啊。

我：王大爷，我要去上班了，帮我开一下门。

王大爷：咦，你是谁呀，是这个小区的吗？

这就是无状态会话带来的问题，每次对话都相当于一次新的对话，不会记录上一次的会话身份，这就是 HTTP 无状态性。Cookie 就是用来解决这个问题的。

Cookie 是存在于客户端的，这里以 Chrome 为例。打开控制台，找到应用程序下的 Cookies，点开就能看到存储的 Cookie 了，如图 2-7 所示。

图 2-7 Chrome 中的 Cookie

因为 Koa 框架本身就集成了操作 Cookie 的中间件，所以操作 Cookie 比较方便，直接使用 Koa 提供的方法即可。读取 Cookie 和设置 Cookie 的两个方法如下。

❑ ctx.cookies.get(name, [options])：读取上下文请求中的 Cookie。

❑ ctx.cookies.set(name, value, [options])：在上下文中写入 Cookie。

下面展示一个实例，代码如下。

```
const Koa = require('koa')
const app = new Koa()
const Router = require('koa-router')
const router = new Router()

router.get('/setCookie', async (ctx) => {
  ctx.cookies.set(
    'id',
    '123456',
    {
      domain: '127.0.0.1',       // Cookie 所在的 domain（域名）
      expires: new Date('2022-10-01'), // Cookie 的失效时间
      httpOnly: false,           // 是否只在 HTTP 请求中获取
```

```
    overwrite: false                // 是否允许重写
  }
)
ctx.body = `设置成功`
})

router.get('/getCookie', async (ctx) => {
  const cookie = ctx.cookies.get('id')
  console.log(cookie)
  ctx.body = `cookie 为: ${cookie}`
})

// 加载路由中间件
app.use(router.routes())

app.listen(4000, () => {
  console.log('server is running, port is 4000')
})
```

当请求 /setCookie 路由的时候，会在 Response 对象中带上一个 Set-Cookie 的头，将其种在浏览器中，效果如图 2-8 所示。

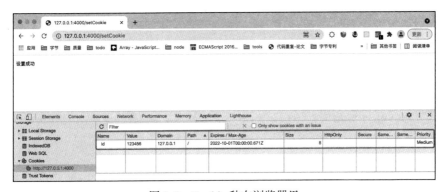

图 2-8　Cookie 种在浏览器里

看起来 Cookie 已经可以解决 HTTP 无状态的问题了，为什么还会有 Session 呢？这是因为 Cookie 在浏览器端是可见的，如果把鉴权的明文信息存储在 Cookie 里，肯定是不安全的，而 Session 正好可以解决这个问题。

2.6.2 Session 的秘密

简单来说，Session 是客户端和服务端之前的会话机制，它是基于 Cookie 实现的，Session 信息一般是存储在服务端的，会给浏览器返回一个 SessionID 之类的标识，下次请求带上 SessionID 就可以解锁对应的会话信息。可以将 SessionID 理解为一把钥匙，这把钥匙只有服务端能够理解并解锁，这就是 Session 安全的原理。

 提示 上面提到，Session 信息一般是存储在服务端的，其实 Session 也可以存储在客户端，比如 Cookie 中、localStorage 中。这种存储方式虽然方便，但是有不足：一是安全性差，Session 信息虽然可以是加密的，但是如果被破解，其他人也会拥有该 Session 权限；二是不灵活，因为 Session 存储在客户端，服务端无法干预，所以在 Session 过期之前会一直有效。

Session 的实现流程如图 2-9 所示。

Session 信息可以存储在数据库中，也可以存储在 Redis 中，在实际的项目中，多数存储在 Redis 中，主要是因为 Redis 速度快，并且使用方便。本节以 Redis 为例进行讲解。首先需要在电脑上安装 Redis，读者可以到官网（https://redis.io/download）自行下载及安装。安装后在终端执行 redis-server 命令，效果如图 2-10 所示。

接下来实现一个模拟登录的功能，当新用户登录系统时，提示用户第一次登录，后续再登录的时候，提示用户已经登录。

首先，实现客户端的登录页面功能，用户可以输入用户名和密码进行登录，效果如图 2-11 所示。

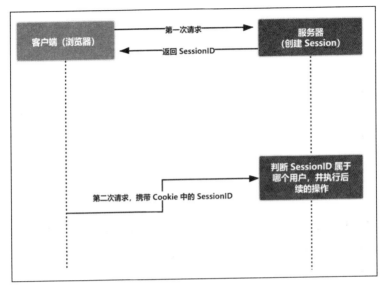

图 2-9 Session 的流程图

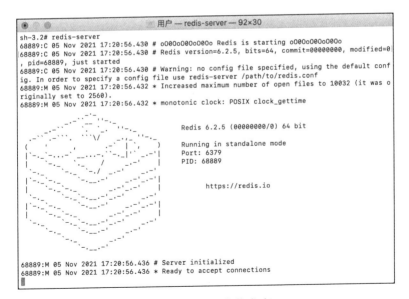

图 2-10 Redis 安装成功

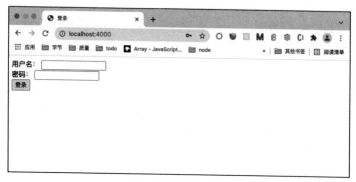

图 2-11　登录页面

　　该页面代码文件为 index.html（因为后端代码有读取该文件的操作，所以这里说明文件名是为了方便读者理解代码逻辑），实现如下。

```html
<!DOCTYPE html>
<html lang="en">

<head>
  <meta charset="UTF-8">
  <meta name="viewport" content="width=device-width,
    initial-scale=1.0">
  <meta http-equiv="X-UA-Compatible" content="ie=edge">
  <title>登录</title>
</head>

<body>
  <div>
    <label for="user">用户名：</label>
    <input type="text" name="user" id="user">
  </div>
  <div>
    <label for="psd">密码：</label>
    <input type="password" name="psd" id="psd">
  </div>
  <button type="button" id="login">登录</button>
  <h1 id="data"></h1>
```

```html
<script>
  const login = document.getElementById('login');
  login.addEventListener('click', function (e) {
    const usr = document.getElementById('user').value;
    const psd = document.getElementById('psd').value;
    if (!usr || !psd) {
      return;
    }
    // 采用 fetch 发起请求
    const req = fetch('http://localhost:4000/login', {
      method: 'post',
      body: `usr=${usr}&psd=${psd}`,
      headers: {
        'Content-Type': 'application/x-www-form-urlencoded'
      }
    })
    req.then(stream =>
      stream.text()
    ).then(res => {
      document.getElementById('data').innerText = res;
    })
  })

</script>
</body>

</html>
```

接下来实现服务端的逻辑。服务端主要负责接收客户端传过来的用户名和密码并生成 Session 信息。当用户再次登录时，需要通过 Session 信息判断该用户是否登录过。为了方便读者理解，将代码实现分为两步：第一步 Session 信息直接返回客户端，放在 Cookie 里面；第二步加入 Redis 存储，把 Session 信息存储在服务端。

先看第一步的实现，Session 存储在 Cookie 里的代码（文件名为 app.js）实现如下。

```js
const Koa = require('koa');
const fs = require('fs');
```

```
const Router = require('koa-router')
const bodyParser = require('koa-bodyparser')
const session = require('koa-session');
const app = new Koa();
const router = new Router()

const sessionConfig = {
  // Cookie 键名
  key: 'koa:sess',
  // 过期时间为一天
  maxAge: 86400000,
  // 不做签名
  signed: false,
};

app.use(session(sessionConfig, app));
app.use(bodyParser())
app.use(router.routes())
// 用来加载前端页面
router.get('/', async ( ctx ) => {
  ctx.set({ 'Content-Type': 'text/html' });
  ctx.body = fs.readFileSync('./index.html');
})

// 当用户登录时
router.post('/login', async ( ctx ) => {
  const postData = ctx.request.body  // 获取用户的提交数据
  if (ctx.session.usr) {
    ctx.body = `欢迎, ${ctx.session.usr}`;
  } else {
    ctx.session = postData;
    ctx.body = '您第一次登录系统';
  }
})

app.listen(4000, () => {
  console.log('server is running, port is 4000')
})
```

由上面的代码逻辑可以看出，当用户第一次登录时，是没有 Session 信息的，那么会提示"您第一次登录系统"。当用户再次登录时，服务端根据 Cookie 获得用户信息，提示用户已经登录过。

比如，用户名为 liujianghong，密码是 123456。用户在前端页面第一次登录时，效果如图 2-12 所示。

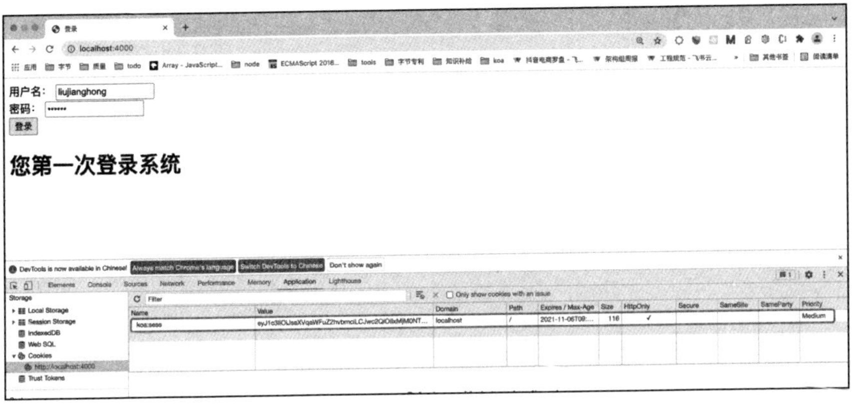

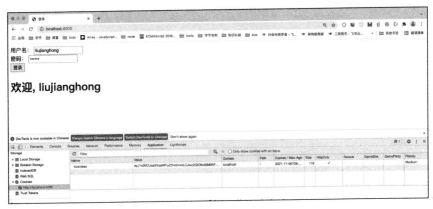

图 2-12　第一次登录效果图

当用户再次登录时，效果如图 2-13 所示。

图 2-13　再次登录效果图

Cookie 里面存储的就是 Session 信息。这种方式既不安全又不灵活。接下来，在服务端接入 Redis，将 Session 信息存储在 Redis 里。Node 端用到的 Redis 包是 ioredis，简单好用，读者自行安装即可。这里主要讲解一下 Redis 类的实现。Redis 主要以 key-value 的形式存储数据，那么就会涉及 CRUD 操作，先看一下 Redis 类的封装，文件名为 store.js，代码如下。

```
const Redis = require('ioredis');
class RedisStore {
  constructor(redisConfig) {
    this.redis = new Redis(redisConfig);
  }
  // 获取
  async get(key) {
    const data = await this.redis.get(`SESSION:${key}`);
    return JSON.parse(data);
  }
  // 设置
  async set(key, sess, maxAge) {
    await this.redis.set(
      `SESSION:${key}`,
      JSON.stringify(sess),
      'EX',
      maxAge / 1000
    );
  }
  // 销毁
  async destroy(key) {
    return await this.redis.del(`SESSION:${key}`);
  }
}

module.exports = RedisStore;
```

Redis 类的封装主要包括获取、设置、销毁 3 个操作，这些操作主要是通过 Redis 提供的方法实现的。Session 的具体信息存储在 Redis 里，还需要一个 key 值来映射 Session 信息，这里用一个工具生成 ID 作为 Redis 中的 key 值。接下来丰富 app.js 逻辑，增量代码如下。

```
const Store = require('./store')
const shortid = require('shortid');
```

```
const redisConfig = {
  redis: {
    port: 6379,
    host: '127.0.0.1',
    password: '',
  },
};

const sessionConfig = {
  // Cookie 键名
  key: 'koa:sess',
  // 保存期限为一天
  maxAge: 86400000,
  // 不做签名
  signed: false,
  // 提供外部存储
  store: new Store(redisConfig),
  // 键的生成函数
  genid: () => shortid.generate(),
};
```

本地 Redis 的默认端口是 6379，并且是没有密码的，如果是
具体的线上服务，Redis 是需要经过申请的，并且也是有密码的。
shortid 的作用是生成一个简短的 ID，作为 Cookie 中的 value，以
及 Redis 中的 key，它是连接 SessionID 和 Session 信息的桥梁。效
果如图 2-14 所示。

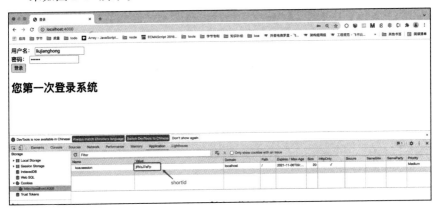

图 2-14　接入 Redis 后第一次登录

注意 执行 app.js 的时候，Redis 需要处于运行状态。

可以看到，Cookie 中的 Value 是生成的 shortid。再看一下 Redis 中的信息，在终端输入 redis-cli，打开 Redis 客户端，输入命令 get SESSION: jRVzJ7eFp，可以获得 Session 信息，效果如图 2-15 所示。

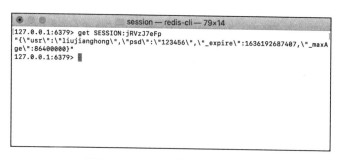

图 2-15　Redis 查询 Session 信息

本节主要讲解了 Cookie 和 Session 在 Koa 中的使用，用户登录的相关内容还有很多，比如在一些大型企业里会有很多系统，如果员工访问每个系统都需要手动登录，用户体验会非常糟糕，目前业界比较通用的方案是 SSO（Single Sign-On，单点登录）。在 4.2.2 节中，笔者会深入介绍其原理。

2.7　文件上传

文件的上传和下载在实际应用场景中会经常遇到，2.6 节介绍过如何获取 post 请求的数据，文件上传也是通过 post 请求实现的，那么可以直接通过 ctx.request.body 获取文件内容吗？答案是不可以，文件上传需要通过另外一个中间件 koa-body 来实现，文件下载可以通过 koa-send 中间件来实现。本节带领读者使用这两个中间件。

首先，文件上传需要先在前端实现一个上传文件的标签和点击按钮，然后利用 FormData 对象进行封装，最后通过 XMLHttpRequest 对象发送。具体页面代码如下。

```html
<!-- static/upload.html -->
<!DOCTYPE html>
<html>
<head>
  <meta charset="UTF-8">
  <title>上传</title>
</head>
<body>
  <input type="file" />
  <button>点击上传</button>
</body>
<script>
  document.querySelector('button').onclick = function () {
    // 这里会获取一个 files 数组对象，因为是单文件上传，所以获取第一
      个即可
    let file = document.querySelector('input').files[0];
    let xhr = new XMLHttpRequest();
    xhr.open('post', '/upload', true);
    xhr.onload = function () {
      let res = JSON.parse(xhr.responseText);
      console.log(res);
    }

    let form = new FormData();
    form.append('file', file); // 对应 key value
    xhr.send(form);
  }

</script>
</html>
```

在页面上的呈现效果如图 2-16 所示。

经过前面几节的学习，读者应该学会了静态服务器以及路由的使用，文件上传用到的中间件是 koa-body，需要读者自行安装，其他的中间件都是之前介绍过的，不再赘述，下面是 Koa 上传文件的实现逻辑。

图 2-16 上传页面效果图

```
// app.js
const Koa = require('koa')
const path = require('path')
const fs = require('fs')
const static = require('koa-static')
const Router = require('koa-router')
const koaBody = require('koa-body');
const app = new Koa()
const router = new Router()

const staticPath = './static'

app.use(koaBody({
  multipart: true,
  formidable: {
    maxFileSize: 200*1024*1024 // 设置上传文件的限制，默认 2MB
  }
}));

app.use(static(
  path.join( __dirname,  staticPath)
))

app.use(router.routes())

router.post('/upload', async ( ctx ) => {
  // 获取文件对象
  const file = ctx.request.files.file
  // 读取文件内容
  const data = fs.readFileSync(file.path);
  // 保存到服务端
  fs.writeFileSync(path.join(__dirname, file.name), data);
```

```
  ctx.body = { message: '上传成功！' };
})

app.listen(4000, () => {
  console.log('server is running, port is 4000')
})
```

至此，简单的文件上传功能就实现了，读者可以自己运行一下。上传后的文件将保存在 app.js 同级目录下。

接下来实现下载的功能，对于前端来说，下载可以通过 window.open 来实现，代码如下。

```
<!-- download.html -->
<!DOCTYPE html>
<html>
<head>
  <meta charset="UTF-8">
  <title>下载</title>
</head>
<body>
  <button onclick="handleClick()">立即下载</button>
</body>
<script>
  const handleClick = () => {
    window.open('/download/1.png');
  }
</script>
</html>
```

假设在之前上传了图片 1.png 到服务端，现在要将其下载到客户端，在 Koa 中是如何实现的呢？下载需要安装一个中间件 koa-send，那么在 app.js 文件中增加下载的逻辑，代码如下。

```
// app.js
const send = require('koa-send');

router.get('/download/:name', async (ctx) => {
  const name = ctx.params.name;
  const path = `${name}`;
  ctx.attachment(path);
```

```
    await send(ctx, path);
})
```

整体思路就是前端点击下载，调用 Koa 中对应的路由，将文件回传到浏览器。下载的效果如图 2-17 所示。

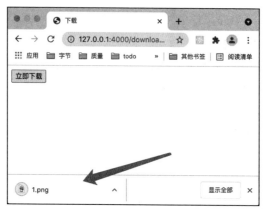

图 2-17 文件下载效果

2.8 跨域问题

跨域问题是前端开发中经常会碰到的问题，在很多前端面试中经常会问，跨域是什么？它解决了什么样的痛点？那么在讲述 Koa 实现跨域之前，简单介绍一下跨域的相关知识。

跨域问题通俗来讲，就是浏览器不能执行其他网站的脚本，这是由浏览器的同源策略造成的，是浏览器对 JavaScript 施加的安全限制。所谓同源是指域名、协议、端口均相同。如果有一项不同，就不是同源，看下面几个例子。

❑ http://www.123.com/index.html

http://www.123.com/server.PHP

只有路径不同，非跨域。

❑ http://www.123.com/index.html

　http://www.456.com/server.php

　主域名不同 :123/456，跨域。

❑ http://abc.123.com/index.html

　http://def.123.com/server.php

　子域名不同 :abc/def，跨域。

❑ http://www.123.com:8080/index.html

　http://www.123.com:8081/server.php

　端口不同 :8080/8081，跨域。

❑ http://www.123.com/index.html

　https://www.123.com/server.php

　协议不同 :http/https，跨域。

 提示　localhost 和 127.0.0.1 虽然都指向本机，但也属于跨域。

　　先来演示一下跨域会出现什么样的问题。现在有这样一个场景，一个 Web 服务是 http://127.0.0.1:3000，要调用 http://127.0.0.1:4000 的接口，依据同源策略，这就是跨域调用。首先实现运行在服务端口号为 3000 的前端页面，代码如下。

```
<!—- static/index.html -->
<!DOCTYPE html>
<html>
<head>
  <meta charset="UTF-8">
  <title> 跨域调用接口 </title>
</head>
<body>
  <button onclick='getUserInfo()'> 获取用户信息 </button>
  <span id='data'></span>
</body>
<script>
```

```
    const getUserInfo = () => {
      // 采用 fetch 发起请求
      const req = fetch('http://127.0.0.1:4000/api/getUserInfo', {
        method: 'get',
        headers: {
          'Content-Type': 'application/x-www-form-
            urlencoded'
        }
      })
      req.then(stream =>
        stream.text()
      ).then(res => {
        document.getElementById('data').innerText = res;
      })
    }
</script>
</html>
```

功能就是点击"获取用户信息"按钮，调用端口号为 4000 的
服务接口。下面看一下端口号为 4000 的服务端代码。

```
const Koa = require('koa')
const cors = require('@koa/cors');
const app = new Koa()

const Router = require('koa-router')

const router = new Router()

router.get('/api/getUserInfo', async ( ctx ) => {
  ctx.body = 'liujianghong'
})

app.use(router.routes())

app.listen(4000, () => {
  console.log('server is running, port is 4000')
})
```

上述代码实现的功能比较简单，就是调用 /api/getUserInfo 接
口时，返回一个字符串。下面看一下端口号为 3000 的服务端页面，

调用端口号为 4000 的服务接口，结果会不会正常返回，效果如
图 2-18 所示。

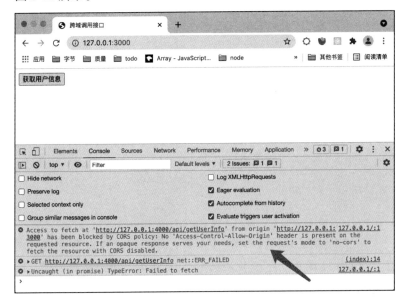

图 2-18　跨域调用效果图

浏览器报错了，表示这个资源获取是跨域的。这就是浏览器
出于安全考虑，做出的同源策略。在平时的开发场景中，有时候是
需要跨越调用接口的，应该如何做呢？

Koa 解决同源策略的实质是校验请求头，这里有一个协商的
过程，第一次请求过来，会问一下服务端："你好！我是跨域请求
你这边的资源，你同不同意？"只有服务端同意后，才可以跨域请
求。Koa 官方提供了一个中间件 @koa/cors 用于解决这个问题，代
码如下。

```
const Koa = require('koa')
const cors = require('@koa/cors');
const app = new Koa()
```

```
const Router = require('koa-router')

const router = new Router()

router.get('/api/getUserInfo', async ( ctx ) => {
  ctx.body = 'liujianghong'
})

// 加载 cors 中间件
app.use(cors({
  origin: '*'
}));

app.use(router.routes())

app.listen(4000, () => {
  console.log('server is running, port is 4000')
})
```

这里只增加了 @koa/cors 中间件，并且通过 App 装载就可以
了。origin 设置为 "*"，代表任何 URL 都可以进行跨域请求。再
次运行程序，发现跨域的请求可以正常访问后端数据了，效果如
图 2-19 所示。

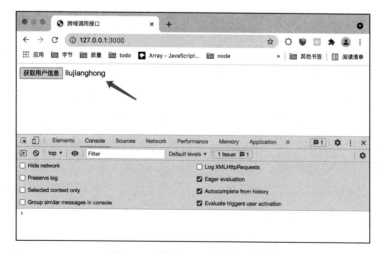

图 2-19 设置 cors 后的跨域请求

这次可以看到请求正常返回，控制台没有报错。@koa/cors 中
间件还可以设置很多参数，比如允许哪些方法进行跨域请求，具体
用法参考官方文档 https://github.com/koajs/cors。

注
意　装载 @koa/cors 中间件一定要在 koa-router 之前，如果在请
求过程中还没有进行 cors 设置，跨域问题会依然存在。

2.9　重写 URL

相信你也遇到过这样的场景，老项目需要重构或迁移，之前
路由涉及的一些问题需要重新设计，很多项目依赖老项目，如果一
刀切，所有路由的依赖都需要改。这个时候，就需要考虑到 URL
重写了。也就是说，其他依赖的项目不用改动，重构后的项目
中，如果还是之前的 URL，就重写成新的 URL 进行请求。流程如
图 2-20 所示。

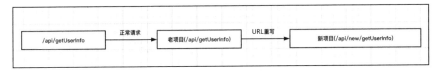

图 2-20　URL 重写流程图

基于这个场景，我们实现一下 URL 重写。Koa 的实现以官方
提供的中间件 koa-rewrite 为例，具体代码如下。

```
const Koa = require('koa')
const rewrite = require('koa-rewrite')
const app = new Koa()

const Router = require('koa-router')
```

```
const router = new Router()

router.get('/api/new/getUserInfo', async ( ctx ) => {
  ctx.body = '这是新接口数据！'
})

app.use(rewrite('/api/getUserInfo', '/api/new/
getUserInfo'));
app.use(router.routes())

app.listen(4000, () => {
  console.log('server is running, port is 4000')
})
```

在浏览器直接访问 /api/getUserInfo，看能不能访问到新接口数据，效果如图 2-21 所示。

图 2-21　旧接口访问

可以看到，访问旧接口是能够访问到新接口数据的，这就是 URL 重写的一个应用场景。另外，URL 重写也可以使用正则表达式，比如想重写 /i123 到 /item/123，代码如下。

```
app.use(rewrite(/^\/i(\w+)/, '/items/$1'));
```

具体使用方法参考官方文档 https://github.com/koajs/rewrite。

2.10　优雅的错误处理

在处理接口异常时，一般的做法是给前端返回一个状态码，然后带上错误信息。本节介绍一种更加优雅的错误处理方式，读者可以对比一下两者的效果。

假设这样一个场景，客户端访问服务端 /api/getUserInfo 的接口，判断参数中的用户名是不是预期的，如果是，则正常返回，否则返回 400，代码如下。

```
// app.js
const Koa = require('koa')
const app = new Koa()

const Router = require('koa-router')

const router = new Router()

router.get('/api/getUserInfo', async ( ctx ) => {
  if (ctx.request.query.name !== 'liujianghong') {
    ctx.body = '400：用户名不是liujianghong'
    return
  }
  ctx.body = '200：liujianghong'
})

// 加载路由中间件
app.use(router.routes())

app.listen(4000, () => {
  console.log('server is running, port is 4000')
})
```

假设请求中的用户名是"liujianghong2"，不是预期的，则返回错误信息，效果如图 2-22 所示。

图 2-22　正常返回错误信息

这样为什么不够优雅呢？因为有时候出现异常，我们更关注的是错误栈，想知道是哪里的代码出错了，所以直观地显示出各种信息是关键。接下来介绍 Koa 如何优雅地处理这个问题，这里需要一个 Koa 官方提供的中间件 koa-error。我们对上面的代码做一些修改，改后代码如下。

```
const Koa = require('koa')
const error = require('koa-error')
const app = new Koa()
const Router = require('koa-router')
const router = new Router()
app.use(error({
  engine: 'pug',
  template: __dirname + '/error.pug'
}));

router.get('/api/getUserInfo', async ( ctx ) => {
  console.log(ctx.request.query)
  if (ctx.request.query.name !== 'liujianghong') {
    throw Error('出现异常')
  }
  ctx.body = '200: liujianghong'
})

app.use(router.routes())
app.listen(4000, () => {
  console.log('server is running, port is 4000')
})
```

整体实现思路是如果出现异常，返回一个自定义模板并呈现至前端，这样就可以定制内容了。这里简单实现一个模板，代码如下。

```
<!-- error.pug -->
doctype html
html
  head
    title= 'Error - ' + status
  body
```

```
#error
  h1 Error
  p Looks like something broke!
  if env == 'development'
    h2 Message:
    pre: code= error
    h2 Stack:
    pre: code= stack
```

　　pug 模板引擎的使用在 2.5 节中已经讲解过了，具体语法可以参考 pug 官方文档。上述模板实现了对错误信息和错误调用栈的分层展示，对于前后端人员来说，都是一种优雅的展示。具体效果如图 2-23 所示。

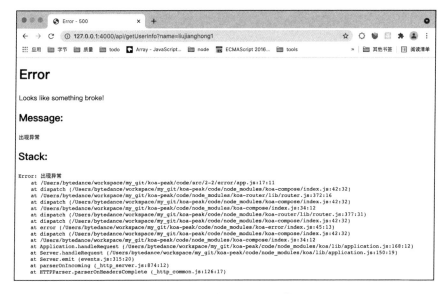

图 2-23　pug 模板展示错误信息

　　对比一下就会发现，显然这种方式更加优雅一些。

2.11 本章小结

本章主要围绕 Koa 的基础使用进行介绍，包括环境搭建、各种中间件的使用，以及在使用过程中，需要注意的一些问题。整体而言，本章内容偏基础，是为刚入门的读者准备的，其中提到的一些概念在后面的内容中还会提及，并且会深入分析。

Koa 进阶

在学习了第一部分的内容后，相信读者对 Koa 的基础概念以及中间件的使用已经有了初步的了解。第二部分主要讲解 Koa 的进阶知识，主要包括以下两方面。

- Koa 的源码解析。如果读者能够很好地理解 Koa 的源码实现，那么在具体的工作中就能够对 Koa 应用自如。另外，如果能够读懂 Koa 源码，说明你具备了一定的阅读代码的能力。
- Koa 在业务场景中的具体使用。比如：在用户登录场景中，如何对当前用户进行鉴权；在请求密集的业务场景中，如何提升服务的 QPS 上限等。

第二部分主要从一些具体场景入手，通过实例代码进行讲解，相信读者通过具体实例能够对 Koa 有更进一步的认识。

Chapter 3 第 3 章

Koa 源码解析

本章将解析 Koa 的源码实现。Koa 的整体实现简洁，涉及很多巧妙的思想，值得我们学习。另外，只有理解了源码，才能更好地掌握 Koa 的相关技能，对于 Koa 相关的问题才能快速精准地定位并处理。

3.1 Koa 目录结构

首先从 GitHub 上克隆一份最新代码（本书介绍的 Koa 源码版本是 2.13.1），具体目录结构如图 3-1 所示。

这里解释一下几个文件和文件夹的用处。

❏ benchmarks：用于基准测试，是一个性能的衡量基准。

❏ docs：一些相关的文档，包括 API 使用等。

❏ test：用于单元测试。

❏ .codecov.yml 和 .travis.yml：用于构建自动化测试。

❏ .editorconfig：用于跨不同的编辑器和 IDE 为多个开发人员

维护编码风格一致的配置文件。

❑ .eslintrc.yml：用于编码规范。

❑ .gitignore：git 提交的时候，忽略的文件或文件夹。

❑ .mailmap：邮箱列表。

❑ .npmrc：npm 发布配置。

❑ AUTHORS：贡献者列表。

❑ CODE_OF_CONDUCT.md：编码标准。

❑ History.md：相当于 changlog，发版记录。

❑ LICENSE：开源协议。

❑ package.json：项目信息。

❑ Readme.md：项目介绍。

图 3-1　Koa 源代码目录

Koa 的核心实现在 lib 文件夹里，主要分为 4 部分，具体如下。

❑ application.js：对应 App（实例化应用）。

❑ context.js：对应 ctx（实例上下文）。

❑ request.js：对应 ctx.request（由原生 request 事件的 http.
IncomingMessage 类过滤而来）。

❑ response.js：对应 ctx.response（由原生 request 事件的 http.
ServerResponse 类过滤而来）。

这 4 个文件是 Koa 所有逻辑的实现，结构简单清晰，本章后续内容将围绕这 4 部分进行详细解析，并配有实际案例，便于读者理解。

3.2　Application 都做了些什么

application.js 主要是对 App 做的一些操作，包括创建服务、在 ctx 对象上挂载 request、response 对象，以及处理异常等操作。接下来将对这些实现进行详细阐述。

3.2.1　Koa 创建服务的原理

1. Node 原生创建服务

在理解 Koa 创建服务的原理之前，我们需要先回顾一下 Node 原生是如何创建一个服务的，这将有助于我们更好地理解 Koa 创建服务的原理，代码如下。

```
const http = require('http');

const server = http.createServer((req, res) => {
  res.writeHead(200);
  res.end('hello world');
});

server.listen(4000, () => {
  console.log('server start at 4000');
});
```

原生的服务是通过 HTTP 模块的 createServer 方法创建的，代码比较简单，入参是一个回调函数，该回调函数接受两个参数 req 和 res。req 对象带着请求中的一些信息，所有的返回操作都可通过 res 对象进行。这个回调函数有一个弊端，如果应用庞大且复杂，那么这个回调函数会变得越来越臃肿，最后可能会无法维护。那么 Koa 如何创建服务的呢？它是否解决了这里提到的弊端呢？接下来，我们一起探索 Koa 的服务实现原理。

2. Koa 如何创建服务

在第 2 章的铺垫下，相信读者已经掌握了 Koa 的基本使用。解析 Koa 源码，我们从一个非常简单的例子入手，代码逻辑非常简单。

```
const Koa = require('koa')
const app = new Koa()

app.listen(4000, () => {
  console.log('server is running, port is 4000')
})
```

我们解读一下上述代码。首先通过 CommonJS 方式引入 Koa 模块，然后新建一个对象 app，app 再通过调用 listen() 方法创建一个服务。在看源码之前，我们可以大胆猜想一下 Koa 的实现：引入的 Koa 应该是一个类，类里面有类方法 listen()，那么 Koa 说到底，也是 Node 的实现，Node 中可以创建服务的 API 也不多，并且通过使用经验来看，大概率是 HTTP 模块。

 提示　在看社区开源代码的过程中，如果感觉到吃力，可以尝试着猜测，这种方式能够加速你对代码逻辑理解的速度。不要怕猜错，因为最后的实践会验证你的猜测，这样的理解和记忆都会非常深刻。

上述实现中，涉及的源码如下。

```js
// lib/application.js
module.exports = class Application extends Emitter {

  listen(...args) {
    // Debug 调试代码，可以先忽略
    debug('listen');
    // 这里是用的 HTTP 模块创建服务
    const server = http.createServer(this.callback());
    return server.listen(...args);
  }

  callback() {
    const fn = compose(this.middleware);

    if (!this.listenerCount('error')) this.on('error',
      this.onerror);

    const handleRequest = (req, res) => {
      const ctx = this.createContext(req, res);
      return this.handleRequest(ctx, fn);
    };
    // 这里返回一个回调函数，该回调函数对应 HTTP 模块中的
    //   createServer() 方法中的回调函数参数
    return handleRequest;
  }

  // 处理 request 逻辑
  handleRequest(ctx, fnMiddleware) {
    const res = ctx.res;
    res.statusCode = 404;
    const onerror = err => ctx.onerror(err);
    const handleResponse = () => respond(ctx);
    onFinished(res, onerror);
    return fnMiddleware(ctx).then(handleResponse).
      catch(onerror);
  }

};
```

从源码的实现来看，首先整体导出一个 class，那么 app 就是这个 class 的一个实例，app.listen 就是调用的 class 中的 listen() 方

法，符合之前的猜想。再看 listen() 方法的实现，服务是 HTTP 模块创建的，那在请求进来的时候，会执行 this.callback() 方法。那么 callback() 函数的实现中，返回的是一个函数，其实这个函数就是 HTTP 模块中 createServer() 方法的回调函数参数了。至此，创建服务的逻辑就实现了，是 Node 原生 HTTP 模块的 createServer 创建的服务。

3.2.2　中间件实现原理

中间件是项目开发中经常使用且非常重要的一部分，是 Koa 整个框架中的灵魂。在源码的实现中，这部分知识也属于 Koa 的难点。相信通过本节的讲解，读者能够完全掌握这部分知识。

1. 注册中间件

Koa 的中间件实现是 Koa 的精髓。洋葱模型的经典设计就是来自中间件的巧妙实现。我们先看一个简单的中间件应用例子，代码如下。

```
const Koa = require('koa')
const app = new Koa()
app.use(async (ctx, next) => {   // 第一个中间件
  console.log('---1--->')
  await next()
  console.log('===6===>')
})
app.use(async (ctx, next) => {   // 第二个中间件
  console.log('---2--->')
  await next()
  console.log('===5===>')
})
app.use(async (ctx, next) => {   // 第三个中间件
  console.log('---3--->')
  await next()
  console.log('===4===>')
})
```

```
app.listen(4000, () => {
  console.log('server is running, port is 4000')
})
```

从输出结果应该可以很容易得出结论。

```
// 输出结果：
---1--->
---2--->
---3--->
===4===>
===5===>
===6===>
```

从代码实现我们能够知道，Koa 注册中间件是用 app.user() 方法实现的。从输出结果也能够看到，所有中间件的回调函数中，await next() 前面的逻辑是按照中间件注册的顺序从上往下执行的，而 await next() 后面的逻辑是按照中间件注册的顺序从下往上执行的。要了解真相，我们必须清楚 use() 方法是怎么实现的。源码中涉及 use() 方法实现的代码如下。

```
// lib/application.js
module.exports = class Application extends Emitter {

  constructor(options) {
    super();
    // 省略部分代码
    this.middleware = [];
  }

  use(fn) {
    // 入参必须是函数
    if (typeof fn !== 'function') throw new TypeError
      ('middleware must be a function!');

    // 目前版本是 2.x，这里主要是兼容 1.x 版本中的 Generator 函数
    if (isGeneratorFunction(fn)) {
      deprecate('Support for generators will be removed
        in v3. ' +
```

```
      'See the documentation for examples of how to
        convert old middleware ' +
      'https://github.com/koajs/koa/blob/master/docs/
        migration.md');
    // 如果是 Generator 函数，则将其转成 2.x 中的 (ctx, next)
    => {} 格式
    fn = convert(fn);
  }
  debug('use %s', fn._name || fn.name || '-');
  this.middleware.push(fn);
  return this;
  }
};
```

Application 类的构造函数中声明了一个名为 middleware 的数组，当执行 use() 方法时，会一直往 middleware 中的 push() 方法传入函数。其实，这就是 Koa 注册中间件的原理，middleware 就是一个队列，注册一个中间件，就进行入队操作。

2. koa-compose 解析

中间件注册后，当请求进来的时候，开始执行中间件里面的逻辑，由于有 next 的分割，一个中间件会分为两部分执行，整体执行流程可以抽象为图 3-2。

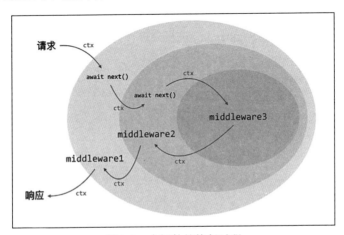

图 3-2　中间件的执行过程

那么 middleware 这个队列是如何按照图 3-2 所示的过程执行的呢？我们需要回到 Koa 的源码中找真相。

```
// lib/application.js
const compose = require('koa-compose');

module.exports = class Application extends Emitter {
  // 省略部分代码
  callback() {
    // 核心实现：处理队列中的中间件
    const fn = compose(this.middleware);

    if (!this.listenerCount('error')) this.on('error',
      this.onerror);

    const handleRequest = (req, res) => {
      const ctx = this.createContext(req, res);
      return this.handleRequest(ctx, fn);
    };

    return handleRequest;
  }
};
```

核心实现在 koa-compose 依赖里，读者可以到 GitHub 上阅读 koa-compose 的源码，下面针对核心代码（https://github.com/koajs/compose/blob/master/index.js）进行分析，代码如下。

```
// koa-compose 核心实现
module.exports = compose

function compose (middleware) {

  // 入参必须是数组
  if (!Array.isArray(middleware)) throw new TypeError
    ('Middleware stack must be an array!')
  // 数组中的每一项，必须是函数，其实就是注册的中间件回调函数
    (ctx. next) => {}
  for (const fn of middleware) {
    if (typeof fn !== 'function') throw new TypeError
```

```
    ('Middleware must be composed of functions!')
  }

  // 返回闭包，由此可知在 koa this.callback 中的函数后续一定会使
     用这个闭包传入过滤后的上下文
  return function (context, next) {
    // 最后回调 middleware
    // 初始化中间件函数数组执行的下标值
    let index = -1
    // 返回递归执行的 Promise.resolve 去执行整个中间件数组，从第
       一个开始
    return dispatch(0)
    function dispatch (i) {
      // 校验上次执行的下标索引不能大于本次执行的传入下标 i，如果大
         于，可能是下个中间件执行了多次导致的
      if (i <= index) return Promise.reject(new Error
        ('next() called multiple times'))

      index = i

      // 获取当前的中间件函数
      let fn = middleware[i]

      // 如果当前执行下标等于中间件长度，表示已经执行完毕了，返回
         Promise.resolve() 即可
      if (i === middleware.length) fn = next
      if (!fn) return Promise.resolve()

      try {
        // 这里用了递归方法执行每个中间件
        return Promise.resolve(fn(context, dispatch.
          bind(null, i + 1)))
      } catch (err) {
        return Promise.reject(err)
      }
    }
  }
}
```

整体来说，koa-compose 的实现是对 middleware 数组的处理。
中间的注册按照 middleware 先进先注册的顺序来进行，在执行的
时候也是按照这个注册的顺序执行 await next() 函数之前的逻辑，

最后递归执行 await next() 函数后面的逻辑。另外 context 对象（也就是常用的 ctx）从始至终都贯穿所有的中间件，并且该对象的引用一直没变，也就是说，我们在中间件中经常会改变 ctx 对象，这个 ctx 在后面的中间件中就是改变后的了。

3.2.3 如何封装 ctx

我们在使用中间件的时候，有两个参数，一个是 ctx，另一个是 next。在了解中间件原理后，读者应该清楚，next 相当于把当前中间件的执行权力交给了下一个中间件，那么 ctx 对象到底是什么样子的呢？本节我们进行详细分析。

1. 如何封装 context

context 对象其实就是中间件中的 ctx 对象，我们先回忆一下：在中间件中一般如何操作 ctx 对象？这里看一个简单的实例，代码如下。

```
const Koa = require('koa');
const app = new Koa();

app.use((ctx, next) => {
  // 输出请求中的路径
  console.log(ctx.req.url);
  console.log(ctx.request.req.url);
  console.log(ctx.response.req.url);
  console.log(ctx.url);
  console.log(ctx.request.req.url);

  // 设置状态码和响应内容
  ctx.response.status = 200;
  ctx.body = 'Hello World';
});

app.listen(4000, () => {
  console.log('server is running, port is 4000')
})
```

假设启动服务后，请求为 http://127.0.0.1:4000/home，那么上述代码中，所有的输出都是 /home。可以理解为虽然写了 5 种输出形式，但最终的结果都是一样的。那为什么 ctx 对象的属性不同，最终得出的 URL 却是一样的呢？想搞清楚这个问题，我们需要探索一下 Koa 中的 ctx 是怎么封装的，代码如下。

```
// lib/application.js
module.exports = class Application extends Emitter {

  constructor(options) {
    super();
    // 省略部分代码

    // 3 个属性，通过 Ojbect.create() 方法分别继承 context、
       request、response
    this.context = Object.create(context);
    this.request = Object.create(request);
    this.response = Object.create(response);
  }

  callback() {
    const fn = compose(this.middleware);

    if (!this.listenerCount('error')) this.on('error',
      this.onerror);

    const handleRequest = (req, res) => {
      // 这里创建了 ctx 对象
      const ctx = this.createContext(req, res);
      return this.handleRequest(ctx, fn);
    };

    return handleRequest;
  }

  createContext(req, res) {
    const context = Object.create(this.context);
    const request = context.request = Object.create(this.
      request);
    const response = context.response = Object.create
```

```
          (this.response);

          // 将实例挂载到 context.app 中
          context.app = request.app = response.app = this;

          // 将 request 事件的 http.IncomingMessage 类挂载到 context.
            req 中
          context.req = request.req = response.req = req;

          // 将 request 事件的 http.ServerResponse 类挂载到 context.
            res 中
          context.res = request.res = response.res = res;

          // 互相挂载，方便用户在 Koa 中通过 ctx 获取需要的信息
          request.ctx = response.ctx = context;
          request.response = response;
          response.request = request;
          context.originalUrl = request.originalUrl = req.url;
          context.state = {};
          return context;
      }

  };
```

从上述源码中我们可以看到，中间件中的 ctx 对象经过
createContext() 方法进行了封装，其实 ctx 是通过 Object.create() 方
法继承了 this.context，而 this.context 又继承了 lib/context.js 中导出
的对象。最终将 http. IncomingMessage 类和 http.ServerResponse
类都挂载到了 context.req 和 context.res 属性上，这样是为了方便
用户从 ctx 对象上获取需要的信息。那么为什么 app、req、res、
ctx 也存放在 request 和 response 对象中呢？是为了使它们同时
共享 app、req、res、ctx，方便处理职责进行转移。当用户访问
时，只需要 ctx 就可以获取 Koa 提供的所有数据和方法，而 Koa
会继续将这些职责进行划分，比如 request 是进一步封装 req 的，
response 是进一步封装 res 的，这样职责得到了分散，降低了耦合
度，同时共享所有资源使上下文具有高内聚性，内部元素互相能访

问到。

2. 单一上下文原则

从 createContext 函数的实现中我们可以看到，每次都是通过 Object.create() 方法来创建 context 对象，而不是直接赋值，这就是单一原则的实现。所谓单一上下文原则，是指创建一个 context 对象并共享给所有的全局中间件使用。也就是说，每个请求中的 context 对象都是唯一的，并且所有关于请求和响应的信息都放在 context 对象里面。

单一上下文原则有以下优点。

- ❑ 降低复杂度：在中间件中，只有一个 ctx，所有信息都在 ctx 上，使用起来很方便。
- ❑ 便于维护：上下文中的一些必要信息都在 ctx 上，便于维护。
- ❑ 降低风险：context 对象是唯一的，信息是高内聚的，因此改动的风险也会降低很多。

3.2.4　handleRequest 和 respond 做了什么

我们在 3.2.1 节介绍 Koa 创建服务的原理时，提到了 handle-Request 的实现。本节我们分析一下 handleRequest 这个函数做了什么。先看一下源码实现。

```
handleRequest(ctx, fnMiddleware) {
  const res = ctx.res;
  res.statusCode = 404;
  // 错误处理，执行上下文中的 onerror() 方法
  const onerror = err => ctx.onerror(err);
  // 处理返回结果
  const handleResponse = () => respond(ctx);
  // 为 res 对象添加错误处理响应，当 res 响应结束时，执行上下文中的
     onerror 函数
```

```
onFinished(res, onerror);
// 执行中间件数组中的所有函数，在结束时调用 respond() 函数
return fnMiddleware(ctx).then(handleResponse).
  catch(onerror);
}
```

在 handleRequest 中，默认的返回状态码是 404，该方法最后返回一个 fnMiddleware 的链式调用，这是执行所有中间件后处理返回逻辑，如果执行过程中有任何异常，会执行 ctx.onerror 方法。

respond() 函数主要是对返回结果进行处理，源码如下。

```
function respond(ctx) {
  // 允许跳过 Koa
  if (false === ctx.respond) return;

  // writable 是原生的 response 对象的可写入属性，检查是否是可写流
  if (!ctx.writable) return;

  const res = ctx.res;
  let body = ctx.body;
  const code = ctx.status;

  // 忽略 body
  // 如果响应的 statusCode 是 body 为空的类型，例如 204、205、
     304，将 body 置为 null
  if (statuses.empty[code]) {
    // 带响应头
    ctx.body = null;
    return res.end();
  }

  if ('HEAD' === ctx.method) {
    // headersSent 属性是 Node 原生的 response 对象上的，用于检
       查 HTTP 响应头是否已经被发送
    // 如果头未被发送，并且响应头没有 Content-Length 属性，那么添
       加 length 头
    if (!res.headersSent && !ctx.response.has('Content-
      Length')) {
      const { length } = ctx.response;
      if (Number.isInteger(length)) ctx.length = length;
    }
```

```
    return res.end();
  }

  // 如果 body 为 null
  if (null == body) {
    // 如果 response 对象上有 _explicitNullBody 属性
    // 移除 Content-Type 和 Transfer-Encoding 响应头，并返回结果
    if (ctx.response._explicitNullBody) {
      ctx.response.remove('Content-Type');
      ctx.response.remove('Transfer-Encoding');
      return res.end();
    }
    // 如果 HTTP 为 2+ 版本，设置 body 为对应 HTTP 状态码；
    // 否则先设置 body 为 ctx.message, 不存在时再设置为状态码
    if (ctx.req.httpVersionMajor >= 2) {
      body = String(code);
    } else {
      body = ctx.message || String(code);
    }
    // 如果 res.headersSent 不为真，直接设置返回类型 ctx.type 为
    // text, ctx.length 为 Buffer.byteLength(body)
    if (!res.headersSent) {
      ctx.type = 'text';
      ctx.length = Buffer.byteLength(body);
    }
    return res.end(body);
  }

  // body 为 Buffer 或 String 时，结束请求返回结果
  if (Buffer.isBuffer(body)) return res.end(body);
  if ('string' === typeof body) return res.end(body);

  // body 为 Stream 时，开启管道 body.pipe(res)
  if (body instanceof Stream) return body.pipe(res);

  // body 为 JSON 类型时，使用 JSON.stringify(body) 转为字符串，
  //   并设置 ctx.length 后返回结果
  body = JSON.stringify(body);
  if (!res.headersSent) {
    ctx.length = Buffer.byteLength(body);
  }
  res.end(body);
}
```

respond() 函数实现的主要是不同情况下的返回处理，读者按照上述代码里面的注释理解即可，整体没有什么难度。

 提示 在 Koa 的一些大型项目中，如果页面突然返回 Not Found，要检查一下是不是没有写 ctx.body。如果场景比较复杂，没有考虑这一点，排错的时候就容易跑偏。

3.2.5 异常处理

Koa 处理异常的逻辑比较简单，就是简单地打印到控制台。在 3.2.1 节介绍 Koa 创建服务的原理时，已经提到了 Koa 如何做异常处理，这里再看一下 callback() 函数的实现。

```
callback() {
  const fn = compose(this.middleware);
  // 如果 application 中监听 error 事件的个数大于 0，则用我们自己
     的异常监听
  // 否则，执行 Koa 默认的异常监听逻辑
  if (!this.listenerCount('error')) this.on('error',
    this.onerror);

  const handleRequest = (req, res) => {
    const ctx = this.createContext(req, res);
    return this.handleRequest(ctx, fn);
  };

  return handleRequest;
}
```

在执行回调函数的时候，Koa 会判断一下 app 上属性 listenerCount('error') 是否存在，如果存在则执行我们自己定义的 error 监听逻辑，否则执行 Koa 默认的 error 监听逻辑。因为 Application 类继承 Node 的 Emitter 类，所以 Application 是具有事件监听能力的。

提示　读者如果看了源码，就会发现 listenerCount 并不是 Application
类的一个属性。这里需要注意的一点是，Application 继承
Emitter，就是继承 NodeJS.EventEmitter，因为 EventEmitter
类有静态方法 listenerCount()，所以如果我们自己定义 app.
on('error', (error) => {})，listenerCount 会自动加 1。

我们再看一下 onerror() 方法的实现，代码如下。

```
onerror(err) {
  const isNativeError =
    Object.prototype.toString.call(err) === '[object
      Error]' ||
    err instanceof Error;
  // 如果不是 NativeError，则直接抛出异常
  if (!isNativeError) throw new TypeError(util.
    format('non-error thrown: %j', err));
  // err 状态码为 404 或 err.expose 为 true 时，不输出错误
  if (404 === err.status || err.expose) return;
  if (this.silent) return;

  // 直接输出错误栈到控制台
  const msg = err.stack || err.toString();
  console.error(`\n${msg.replace(/^/gm, '  ')}\n`);
}
```

Koa 默认的异常处理确实比较简单，一般在企业里的实际 Koa
项目中，会自定义一些更完善的异常处理方案。这里举一个具体
实例，比如在中间件中有一些异步操作，如果异步操作中有异常，
Koa 是获取不到错误信息的，看下面的代码。

```
const Koa = require('koa');
const app = new Koa();

app.use( async (ctx, next) => {
  setTimeout(() => {
    throw Error('这里出错了！')
  }, 1000)
```

```
  ctx.body= 'hello world';
});

app.listen(4000, () => {
  console.log('server is running, port is 4000')
})
```

中间件中有一个定时器，在 1 秒后抛出异常，那么这个异常
Koa 是捕获不到的，最终导致进程异常退出，这个时候就需要我
们自己做一些兜底处理了，比较通用的方法是加一个 uncaught-
Exception 类型事件的监听，这样就能捕获上述异常了，代码如下。

```
process.on('uncaughtException', (error) => {
  console.log(error)
})
```

3.3　Context 的核心实现

Context 可以理解为上下文，其实就是我们常用的 ctx 对象。
3.2 节也介绍了一些上下文相关的知识点，本节主要讲解 context.js
中的具体实现。

3.3.1　委托机制

context.js 中的委托机制使用了一个包 delegates。该包是 TJ
Holowaychuk 写的。按照一贯的思维，如果想深入了解 delegates
的原理，我们要先学会如何使用 delegates。先通过一个简单的实
例来了解一下 delegates 能做些什么，代码如下。

```
var delegate = require('delegates');

var obj = {};
obj.request = {
  name: 'liujianghong',
  age: 29,
```

```
  sex: 'man',
  say: function(){
    console.log('hello koa!');
  }
};
// 将 obj.request 的相关属性委托到 obj 上，使调用更加简便
delegate(obj, 'request')
  .method('say')
  .getter('name')
  .setter('nickname')
  .access('age');

obj.say();
obj.nickname = 'SKHon';
console.log('nickname: ', obj.request.nickname)
console.log(' 现在年龄：',obj.age)
obj.age = 30;
console.log(' 明年年龄：',obj.age)
```

首先解释一下链式调用几个方法的含义。

❑ method：外部对象可以直接调用内部对象的函数。

❑ getter：外部对象可以直接访问内部对象的值。

❑ setter：外部对象可以直接修改内部对象的值。

❑ access：包含 getter 与 setter 的功能。

上述代码的运行结果如图 3-3 所示。

图 3-3　实例运行结果

再回过头来看一下代码实现，我们是把 obj.request 对象上的

属性委托给了 obj，这样 obj 就可以直接访问 obj.request 中的属性了。这就是 Koa 要把 ctx.request 和 ctx.response 中的属性挂载到 ctx 上的原因，即更方便获取相关属性。

接下来我们探索 delegates 的源码实现。整个核心实现共有 150 多行代码，比较简单，地址为 https://github.com/tj/node-delegates/blob/master/index.js。

整体构造函数代码如下。

```
function Delegator(proto, target) {
  if (!(this instanceof Delegator)) return new Delegator
    (proto, target);
  this.proto = proto;
  this.target = target;
  this.methods = [];
  this.getters = [];
  this.setters = [];
  this.fluents = [];
}
```

首先判断实例是否存在，不存在则进行 new 操作，存在则依然使用存在的实例，这是一个典型的单例设计模式。下面几个属性都是数组，用来存放代理的属性名。method 是如何代理的呢？其实逻辑也非常简单，源码如下。

```
Delegator.prototype.method = function(name){
  var proto = this.proto;
  var target = this.target;
  // 存入 methods 数组
  this.methods.push(name);

  // 以闭包的方式，将对 proto 方法的调用转为对 this[target] 上相
     关方法的调用
  // apply 改变 this 的指向为 this[target]
  proto[name] = function(){
    return this[target][name].apply(this[target],
      arguments);
  };
```

```
  // 返回 delegator 实例对象，从而实现链式调用
  return this;
};
```

先将代理的所有方法名存储在 this.methods 数组中，然后以闭包的方式将 proto 方法的调用转为对 this[target] 上相关方法的调用。

setter、getter 和 access 的源码实现如下。

```
Delegator.prototype.access = function(name){

  return this.getter(name).setter(name);
};

Delegator.prototype.getter = function(name){
  var proto = this.proto;
  var target = this.target;
  this.getters.push(name); // 将属性名称存入对应类型的数组

  // 利用 __defineGetter__ 设置 proto 的 getter
  // 使得访问 proto[name] 获取的是 proto[target][name] 的值
  proto.__defineGetter__(name, function(){
    return this[target][name];
  });
  // 返回 delegator 实例，实现链式调用
  return this;
};

Delegator.prototype.setter = function(name){
  var proto = this.proto;
  var target = this.target;
  this.setters.push(name); // 将属性名称存入对应类型的数组

  // 利用 __defineSetter__ 设置 proto 的 setter
  // 实现给 proto[name] 赋值时，实际改变的是 proto[target][name]
     的值
  proto.__defineSetter__(name, function(val){
    return this[target][name] = val;
  });
// 返回 delegator 实例，实现链式调用
  return this;
};
```

整体的实现思路基本都差不多，读者可看注释自行理解。

我们再回到 Koa 中看一下上下文实现中的代理源码。

```
delegate(proto, 'response')
  .method('attachment')
  .method('redirect')
  .method('remove')
  .method('vary')
  .method('has')
  .method('set')
  .method('append')
  .method('flushHeaders')
  .access('status')
  .access('message')
  .access('body')
  .access('length')
  .access('type')
  .access('lastModified')
  .access('etag')
  .getter('headerSent')
  .getter('writable');

delegate(proto, 'request')
  .method('acceptsLanguages')
  .method('acceptsEncodings')
  .method('acceptsCharsets')
  .method('accepts')
  .method('get')
  .method('is')
  .access('querystring')
  .access('idempotent')
  .access('socket')
  .access('search')
  .access('method')
  .access('query')
  .access('path')
  .access('url')
  .access('accept')
  .getter('origin')
  .getter('href')
  .getter('subdomains')
  .getter('protocol')
```

```
.getter('host')
.getter('hostname')
.getter('URL')
.getter('header')
.getter('headers')
.getter('secure')
.getter('stale')
.getter('fresh')
.getter('ips')
.getter('ip');
```

至此，相信读者已经明白 Koa 为什么要把 ctx.request 和 ctx.response 的属性代理到 ctx 上了，就是为了将 ctx.request.path 写成 ctx.path。少写一个单词，就是一种提效的表现。

3.3.2　Cookie 的操作

Koa 的服务一般都是 BFF 服务，涉及前端服务时通常会遇到用户登录的场景。Cookie 是用来记录用户登录状态的，Koa 本身也提供了修改 Cookie 的功能。我们还是从一个实例入手，看 Koa 如何操作 Cookie，代码如下。

```
const Koa = require('koa');

const app = new Koa();

app.use( async (ctx, next) => {
  // 获取 Cookies 方法: ctx.cookies.get('koa-cookie')
  ctx.cookies.set('koa-cookie', '456', {
    maxAge: 1000
  });

  ctx.body= 'hello world';
});

app.listen(4000, () => {
  console.log('server is running, port is 4000')
})
```

处理 Cookie 可直接用 ctx 对象中 cookies 属性的 set() 和 get() 方法。上述实例中，当浏览器有请求时，Koa 经过中间件处理，返回的 response 对象中会自动设置 Cookie 到浏览器中，效果如图 3-4 所示。

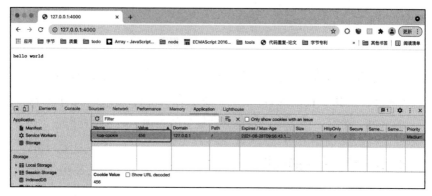

图 3-4　浏览器设置 Cookie

在源码中实现 Cookie 的相关部分也比较简单，代码如下。

```
// 省略部分代码
const Cookies = require('cookies');
const proto = module.exports = {
  // 省略部分代码
  get cookies() {
  if (!this[COOKIES]) {
    this[COOKIES] = new Cookies(this.req, this.res, {
      keys: this.app.keys,
      secure: this.request.secure
    });
  }
  return this[COOKIES];
  },

  set cookies(_cookies) {
    this[COOKIES] = _cookies;
  }
}
```

我们通过 set() 和 get() 方法来对 Cookie 进行操作，实际也是引用了 Cookies 这个包，具体操作参考其 API 即可。

3.4　request 的具体实现

request.js 的实现比较简单，就是通过 set() 和 get() 方法对一些属性进行封装，方便开发者调用一些常用属性。

为了读者能够更明确了解 request 属性的含义，这里假设请求为 http://127.0.0.1:4000/home?page=10，所有属性以及对应输出结果如下。

1）获取并设置 headers 对象。

```
get header() {
  return this.req.headers;
},

set header(val) {
  this.req.headers = val;
},

get headers() {
  return this.req.headers;
},

set headers(val) {
  this.req.headers = val;
},
```

其实 header 和 headers 两个属性是一样的，主要是为了兼容写法。ctx.request.header 或者 ctx.request.headers 的输出结果如下。

```
{
  host: '127.0.0.1:4000',
  connection: 'keep-alive',
  'cache-control': 'max-age=0',
  'sec-ch-ua': '"Chromium";v="92", " Not A;Brand";v="99",
    "Google Chrome";v="92"',
```

```
  'sec-ch-ua-mobile': '?0',
  'upgrade-insecure-requests': '1',
  'user-agent': 'Mozilla/5.0 (Macintosh; Intel Mac OS X
    10_15_7) AppleWebKit/537.36 (KHTML, like Gecko)
      Chrome/92.0.4515.131 Safari/537.36',
  accept: 'text/html,application/xhtml+xml,application/
    xml;q=0.9,image/avif,image/webp,image/apng,*/*;
      q=0.8,application/signed-exchange;v=b3;q=0.9',
  'sec-fetch-site': 'none',
  'sec-fetch-mode': 'navigate',
  'sec-fetch-user': '?1',
  'sec-fetch-dest': 'document',
  'accept-encoding': 'gzip, deflate, br',
  'accept-language': 'zh-CN,zh;q=0.9'
}
```

2）获取设置 req 对象上的 URL。

```
get url() {
  return this.req.url;
},

set url(val) {
  this.req.url = val;
},
```

ctx.request.url 输出结果如下。

```
/home?page=10
```

3）获取 URL 的来源，包括 protocol 和 host。

```
get origin() {
  return `${this.protocol}://${this.host}`;
},
```

ctx.request.origin 输出结果如下。

```
http://127.0.0.1:4000
```

4）获取完整的请求 URL。

```
get href() {
  // 支持 `GET http://example.com/foo`
  if (/^https?:\/\//i.test(this.originalUrl)) return
```

```
      this.originalUrl;
   return this.origin + this.originalUrl;
},
```

ctx.request.href 输出结果如下。

```
http://127.0.0.1:4000/home?page=10
```

5）获取请求 method() 方法。

```
get method() {
   return this.req.method;
},
```

ctx.request.method 输出结果如下。

```
Get
```

6）获取请求中的 path。

```
get path() {
   return parse(this.req).pathname;
},
```

ctx.request.path 输出结果如下。

```
/home
```

7）获取请求中的 query 对象。

```
get query() {
   const str = this.querystring;
   const c = this._querycache = this._querycache || {};
   return c[str] || (c[str] = qs.parse(str));
},
```

获取 query 使用了 querystring 模块 const qs = require('querystring'), 最终得到的是一个 Object。ctx.request.query 输出结果如下。

```
{ page: '10' }
```

8）获取请求中的 query 字符串。

```
get querystring() {
   if (!this.req) return '';
```

```
    return parse(this.req).query || '';
},
```

ctx.request.querystring 输出结果如下。

```
page=10
```

9）获取带问号的 querystring，与上面 get querystring() 方法的区别是这里多了个问号。

```
get search() {
    if (!this.querystring) return '';
    return `?${this.querystring}`;
},
```

ctx.request.search 输出结果如下。

```
?page=10
```

10）获取主机（hostname:port），当 app.proxy 为 true 时，支持 X-Forwarded-Host，否则使用 Host。

```
get host() {
    const proxy = this.app.proxy;
    let host = proxy && this.get('X-Forwarded-Host');
    if (!host) {
        if (this.req.httpVersionMajor >= 2) host = this.get
            (':authority');
        if (!host) host = this.get('Host');
    }
    if (!host) return '';
    return host.split(/\s*,\s*/, 1)[0];
},
```

ctx.request.host 输出结果如下。

```
127.0.0.1:4000
```

11）存在时获取主机名。

```
get hostname() {
    const host = this.host;
    if (!host) return '';
    // 如果主机是 IPv6，Koa 解析到 WHATWG URL API，注意，这可能会
```

        影响性能
```
  if ('[' === host[0]) return this.URL.hostname || ''; // IPv6
  return host.split(':', 1)[0];
},
```

ctx.request.hostname 输出结果如下。

```
127.0.0.1
```

12）获取完整 URL 对象属性。

```
get URL() {
  if (!this.memoizedURL) {
    const originalUrl = this.originalUrl || ''; // 避免在
      模板中出现 undefined 的情况
    try {
      this.memoizedURL = new URL(`${this.origin}$
        {originalUrl}`);
    } catch (err) {
      this.memoizedURL = Object.create(null);
    }
  }
  return this.memoizedURL;
},
```

ctx.request.URL 输出结果如下。

```
{
  href: 'http://127.0.0.1:4000/home?page=10',
  origin: 'http://127.0.0.1:4000',
  protocol: 'http:',
  username: '',
  password: '',
  host: '127.0.0.1:4000',
  hostname: '127.0.0.1',
  port: '4000',
  pathname: '/home',
  search: '?page=10',
  searchParams: URLSearchParams { 'page' => '10' },
  hash: ''
}
```

13）使用请求和响应头检查响应的新鲜度，会通过 Last-Modified 或 Etag 判断缓冲是否过期。

```
get fresh() {
  const method = this.method;
  const s = this.ctx.status;

  if ('GET' !== method && 'HEAD' !== method) return false;

  if ((s >= 200 && s < 300) || 304 === s) {
    return fresh(this.header, this.response.header);
  }

  return false;
},
```

14）使用请求和响应头检查响应的陈旧度（和 fresh 相反）。

```
get stale() {
  return !this.fresh;
},
```

15）检测 this.method 是否是 ['GET', 'HEAD', 'PUT', 'DELETE', 'OPTIONS', 'TRACE'] 中的方法。

```
get idempotent() {
  const methods = ['GET', 'HEAD', 'PUT', 'DELETE',
    'OPTIONS', 'TRACE'];
  // 相当于这么写: return methods.indexOf(this.method) !== -1
  return !!~methods.indexOf(this.method);
},
```

16）获取请求中的 socket 对象。

```
get socket() {
  return this.req.socket;
},
```

17）获取请求中的字符集。

```
get charset() {
  try {
    const { parameters } = contentType.parse(this.req);
    return parameters.charset || '';
  } catch (e) {
    return '';
  }
},
```

18）以 number 类型返回请求的 Content-Length。

```
get length() {
  const len = this.get('Content-Length');
  if (len === '') return;
  return ~~len;
},
```

这里注意，~~ 运算其实就是把字符串转换成了 number 类型的数字。

19）返回请求协议："https"或"http"。当 app.proxy 是 true 时支持 X-Forwarded-Proto。

```
get protocol() {
  if (this.socket.encrypted) return 'https';
  if (!this.app.proxy) return 'http';
  const proto = this.get('X-Forwarded-Proto');
  return proto ? proto.split(/\s*,\s*/, 1)[0] : 'http';
},
```

ctx.request.protocol 输出结果如下。

```
http
```

20）通过 ctx.protocol == "https" 来检查请求是否通过 TLS 发出。

```
get secure() {
  return 'https' === this.protocol;
},
```

21）当 app.proxy 为 true 时，解析 X-Forwarded-For 的 IP 地址列表。

```
get ips() {
  const proxy = this.app.proxy;
  const val = this.get(this.app.proxyIpHeader);
  let ips = proxy && val
    ? val.split(/\s*,\s*/)
    : [];
  if (this.app.maxIpsCount > 0) {
```

```
      ips = ips.slice(-this.app.maxIpsCount);
    }
    return ips;
},
```

22）获取请求远程地址。

```
get ip() {
  if (!this[IP]) {
    this[IP] = this.ips[0] || this.socket.remoteAddress || '';
  }
  return this[IP];
},
```

23）以数组形式返回子域。

```
get subdomains() {
  const offset = this.app.subdomainOffset;
  const hostname = this.hostname;
  if (net.isIP(hostname)) return [];
  return hostname
    .split('.')
    .reverse()
    .slice(offset);
},
```

24）获取请求 Content-Type。

```
get type() {
  const type = this.get('Content-Type');
  if (!type) return '';
  return type.split(';')[0];
},
```

3.5　response 的具体实现

response.js 的整体实现思路和 request.js 大体一致，也是通过
set() 和 get() 方法封装了一些常用属性。

1）返回 socket 实例。

```
get socket() {
```

```
    return this.res.socket;
},
```

2）返回响应头。

```
get header() {
  const { res } = this;
  return typeof res.getHeaders === 'function'
    ? res.getHeaders()
    : res._headers || {}; // Node < 7.7
},
get headers() {
  return this.header;
},
```

3）设置并获取响应状态码。

```
get status() {
  return this.res.statusCode;
},

set status(code) {
  if (this.headerSent) return;

  assert(Number.isInteger(code), 'status code must be a
    number');
  assert(code >= 100 && code <= 999, `invalid status
    code: ${code}`);
    this._explicitStatus = true;
    this.res.statusCode = code;
    if (this.req.httpVersionMajor < 2) this.res.
      statusMessage = statuses[code];
    if (this.body && statuses.empty[code]) this.body =
      null;
  },
```

4）设置并获取响应信息。

```
get message() {
  return this.res.statusMessage || statuses[this.status];
},

set message(msg) {
```

```
  this.res.statusMessage = msg;
},
```

5）设置并获取响应体 body。

```
get body() {
  return this._body;
},

set body(val) {
  const original = this._body;
  this._body = val;

  // 无上下文
  if (null == val) {
    if (!statuses.empty[this.status]) this.status = 204;
    if (val === null) this._explicitNullBody = true;
    this.remove('Content-Type');
    this.remove('Content-Length');
    this.remove('Transfer-Encoding');
    return;
  }

  // 设置状态
  if (!this._explicitStatus) this.status = 200;

  // 设置 Content-Type
  const setType = !this.has('Content-Type');

  // string
  if ('string' === typeof val) {
    if (setType) this.type = /^\s*</.test(val) ? 'html' :
      'text';
    this.length = Buffer.byteLength(val);
    return;
  }

  // buffer
  if (Buffer.isBuffer(val)) {
    if (setType) this.type = 'bin';
    this.length = val.length;
    return;
  }
```

```
  // stream
  if (val instanceof Stream) {
    onFinish(this.res, destroy.bind(null, val));
    if (original != val) {
      val.once('error', err => this.ctx.onerror(err));
      // 覆盖
      if (null != original) this.remove('Content-Length');
    }

    if (setType) this.type = 'bin';
    return;
  }

  // json
  this.remove('Content-Length');
  this.type = 'json';
},
```

6）设置并获取 Content-Length。

```
set length(n) {
  this.set('Content-Length', n);
},

get length() {
  if (this.has('Content-Length')) {
    return parseInt(this.get('Content-Length'), 10) || 0;
  }

  const { body } = this;
  if (!body || body instanceof Stream) return undefined;
  if ('string' === typeof body) return Buffer.byteLength
    (body);
  if (Buffer.isBuffer(body)) return body.length;
  return Buffer.byteLength(JSON.stringify(body));
},
```

7）设置并获取 Content-Type。

```
set type(type) {
  type = getType(type);
  if (type) {
    this.set('Content-Type', type);
```

```
    } else {
      this.remove('Content-Type');
    }
  },

  get type() {
    const type = this.get('Content-Type');
    if (!type) return '';
    return type.split(';', 1)[0];
  },
```

8）设置并获取 lastModified。

```
  set lastModified(val) {
    if ('string' === typeof val) val = new Date(val);
    this.set('Last-Modified', val.toUTCString());
  },

  get lastModified() {
    const date = this.get('last-modified');
    if (date) return new Date(date);
  },
```

9）设置并获取 Etag。

```
  set etag(val) {
    if (!/^(W\/)?"/.test(val)) val = `"${val}"`;
    this.set('ETag', val);
  },

  get etag() {
    return this.get('ETag');
  },
```

3.6 本章小结

本章主要讲解 Koa 源码实现，从 Koa 整体项目的目录结构，到每个文件的实现原理，涉及的一些细节问题都有具体实例阐述。希望读者能够很好地掌握本章内容，为后续进阶学习做好准备。

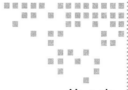

第 4 章 *Chapter 4*

Koa 在业务场景中的应用

通过前面几章的学习，相信读者已经对 Koa 有了比较深入的理解，下面进入实战阶段。在企业级服务里，可能遇到的业务场景非常复杂，有时候还要考虑服务的安全问题，我们需要采取合适的措施来应对。那么在进入实战之前，我们还要有一个过渡，对于企业级的服务中涉及的一些高阶内容，我们需要提前掌握。本章将讲解一些 Koa 在实际业务场景中涉及的高阶内容。

4.1 路由技巧

在介绍路由技巧之前，我们回忆一下 koa-router 这个中间件的使用方法。假如需要两个路由，一个用于获取货物信息，另一个用于获取用户信息，用 koa-router 实现的代码如下。

```
const Koa = require('koa')
const app = new Koa()
const Router = require('koa-router')
```

```
const router = new Router()

router.get('/goods/getInfo', async ( ctx ) => {
  ctx.body = 'this is koa book.'
})

router.get('/user/getInfo', async ( ctx ) => {
  ctx.body = 'my name is liujianghong.'
})

app.use(router.routes())
app.listen(4000, () => {
  console.log('server is running, port is 4000')
})
```

上述写法有一个弊端，在实际项目中，Node 层的接口可能
会很多，所有的路由都放在一个文件里，最终会变得越来越难维
护。那么我们应该如何维护好路由的代码呢？本节将介绍两种
方案。

4.1.1 路由分割

路由分割就是把所有路由按照类别进行划分，并分别维护在
不同的文件里。在实际的项目中，通常情况下，一个项目是由多人
开发维护的，比如张三只维护货物相关的路由，李四只维护用户相
关的路由，如果让两人在一个文件里维护，随着项目越来越大，接
口越来越多，难免会出现不好维护的情况。路由分割在一定程度上
解决了这样的问题，让路由易迭代、易维护。

本节提到的实例中有两个类型的路由，一个是货物的，另一
个是用户的。那么接下来，我们就对这两类路由进行分割。首先，
按照类型把不同的路由写在不同的文件里，货物的路由文件代码
如下。

```
// routers/goods.js
const Router = require('koa-router')
```

```
const router = new Router()
// 设置路由前缀
router.prefix('/goods')
router.get('/getInfo', (ctx, next)=>{
  ctx.body = "this is koa book."
})
module.exports = router
```

用户的路由文件代码如下。

```
// routers/user.js
const Router = require('koa-router')
const router = new Router()
router.prefix('/user')
router.get('/getInfo', (ctx, next)=>{
  ctx.body = "my name is liujianghong."
})
module.exports = router
```

每个路由文件中都使用了一个路由前缀，这样方便分类。每个文件封装了不同类型的路由，接下来要做的就是对这些路由进行整合。Koa 源码中有一个非常重要的实现是合并中间件，其中就使用了 koa-compose 包，读者可以返回第 3 章复习一下。路由的合并也会用到 koa-compose 包来实现，代码如下。

```
// routers/index.js
const compose = require('koa-compose')
const glob = require('glob')
const { resolve } = require('path')

registerRouter = () => {
  let routers = [];
  // 递归式获取当前文件夹下所有的 .js 文件
  glob.sync(resolve(__dirname, './', '**/*.js'))
    // 排除 index.js 文件，因为这个文件不是具体的路由文件
    .filter(value => (value.indexOf('index.js') === -1))
    .forEach(router => {
      routers.push(require(router).routes())
      routers.push(require(router).allowedMethods())
    })
  return compose(routers)
```

```
}

module.exports = registerRouter
```

这里可以使用 koa-compose 对 koa-router 进行整合，这是因为 koa-router 里面的 routers 方法和 allowedMethods 方法和我们平时用的中间件回调方法是一样的，读者如果感兴趣，可以看一下 koa-router 的源码。最后实现一个简单的服务，即把整合后的路由引进来，代码如下。

```js
// app.js
const Koa = require('koa')
const registerRouter  = require('./routers')
const app = new Koa()
app.use(registerRouter())
app.listen(4000, () => {
  console.log('server is running, port is 4000')
})
```

运行 app.js，在浏览器访问 http://127.0.0.1:4000/goods/getInfo，效果如图 4-1 所示。

图 4-1 访问货物路由运行结果

访问 http://127.0.0.1:4000/user/getInfo，效果如图 4-2 所示。

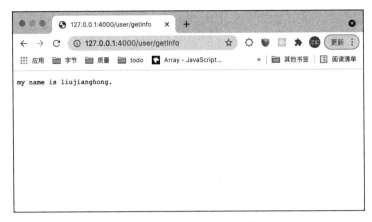

图 4-2　访问用户路由运行结果

4.1.2　文件路由

根据文件路径来匹配路由，也是在实际项目中可能采取的一种方式。我们先了解一下什么是文件路由，比如现在有这样一个项目，组织结构如图 4-3 所示。

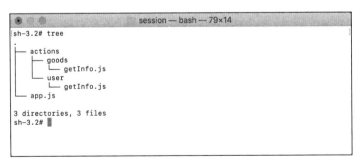

图 4-3　文件路由的项目结构

actions 目录下的内容就是匹配路由的，比如前端有一个 GET 请求 http://127.0.0.1:4000/goods/getInfo，那么会匹配到 actions 目录下的 goods/getInfo.js 文件，最终会执行 getInfo.js 里面的逻辑。

这样设计有以下 2 个优势。

❑ 依据项目的文件目录就能了解项目包含哪些路由，不用查看路由文件，非常方便。

❑ 用文件路径来组织路由，对用户非常友好，且便于开发。

接下来我们详细分析文件路由的实现方法。第一步，定义 goods/getInfo.js 和 user/getInfo.js 两个文件，主要定义一些属性，包括请求的方法类型（GET、POST 等）、执行的回调；第二步，把请求路径映射到对应的文件路径上，当请求过来后，能够执行对应的文件内容。接下来看实现代码。

1. 定义两个文件内容

actions/goods/getInfo.js 文件的定义代码如下。

```js
// actions/goods/getInfo.js
module.exports = {
  method: 'GET',
  handler: (ctx) => {
    ctx.body = "this is koa book."
  }
}
```

actions/user/getInfo.js 文件的定义代码如下。

```js
// actions/user/getInfo.js
module.exports = {
  method: 'GET',
  handler: (ctx) => {
    ctx.body = "my name is liujianghong."
  }
}
```

两个文件都定义了两个属性，一个是 method，另一个是 handler。method 指的是请求的类型，这里 method 的配置主要是为了映射到唯一请求，比如请求路径都是 /goods/getInfo，那么方法类型既可以是 GET 请求，也可以是 POST 请求，两个请求是不一样的。handler 方法就是一个回调函数，用来处理相应的业务逻辑。

2. 请求路径映射到对应的文件路径

请求路径可方便地通过 context 对象来获取，主要问题是文件路径如何处理。其实我们可以通过 glob 包来获取所有的文件，然后对路径再做相应的处理，代码如下。

```
const glob = require('glob')
const path = require('path')
const Koa = require('koa')
const app = new Koa()

// actions 的绝对路径
const basePath = path.resolve(__dirname, './actions')
// 获取 actions 目录下所有的 .js 文件，并返回其绝对路径
const filesList = glob.sync(path.resolve(__dirname, './
actions', '**/*.js'))

// 文件路由映射表
let routerMap = {}
filesList.forEach(item => {
  // 解构的方式获取当前文件导出对象中的 method 属性和 handler 属性
  const { method, handler } = require(item)
  // 获取和 actions 目录的相对路径，例如：goods/getInfo.js
  const relative = path.relative(basePath, item)
  // 获取文件后缀 .js
  const extname = path.extname(item)
  // 剔除后缀 .js，并在前面加一个 "/"，例如：/goods/getInfo
  const fileRouter = '/' + relative.split(extname)[0]
  // 连接 method，形成一个唯一请求，例如：_GET_/goods/getInfo
  const key = '_' + method + '_' + fileRouter
  // 保存在路由表里
  routerMap[key] = handler
})

app.use(async (ctx, next) => {
  const { path, method } = ctx
  // 构建和文件路由匹配的形式为 _GET_ 路由
  const key = '_' + method + '_' + path
  // 如果匹配到，就执行对应到 handler 方法
  if (routerMap[key]) {
    routerMap[key](ctx)
  } else {
```

```
    ctx.body = 'no this router'
  }
})

app.listen(4000, () => {
  console.log('server is running, port is 4000')
})
```

文件路由书写起来比较优雅，可以做到高度可配置，这样可以对每个请求实行个性化定制，我们在 Koa 实战中也会使用这种方式来做路由，到时候再详细介绍企业级别的 BFF 架构中的文件路由该如何设计。

4.2　用户鉴权机制

对于企业项目来说，信息安全是非常重要的。举个例子，每个公司都会有一个酬薪系统，如果研发人员登录酬薪系统后，可以看到公司所有同事的薪资，就可能给公司带来很多安全隐患，对于公司平台系统来说，用户鉴权是非常重要的。

本书在介绍 Koa 基础的时候，解释过 Cookie 和 Session 相关的概念，其实所有前端项目的鉴权方式都是基于 Cookie 实现的，而普通的 Session 方式虽然也能实现一些鉴权功能，但是在企业级项目中，考虑到安全问题，会采用一些业界比较安全且通用的鉴权方案，本节将介绍企业级项目一般是怎么做鉴权的。

4.2.1　JWT 鉴权

JWT（JSON Web Token）是一种为了在网络应用环境之间传递声明而执行的基于 JSON 的开放标准，JWT 在鉴权场景中有着非常广泛的应用。

提示　开放标准的重要意义在于跨端以及跨语言，JSON 在不同语言中具有通用性，如果所有语言都遵守这一开放标准，那么实现的功能是具有对接能力的。

我们先了解一个具体的 JWT 是什么样子的。

```
eyJhbGciOiJIUzI1NiIsInR5cCI6IkpXVCJ9.eyJ1c2VybmFtZSI6Imxp
dWppYW5naG9uZyIsImlhdCI6MTYzMDcyNTU0NiwiZXhwIjoxNjMwNzI5
MTQ2fQ.tCZobphzBo0atE5cXLVI-9NxE-PUbs9dY1gPSrty5pw
```

看上去像一串加密后的乱码，其实这段看似乱码的字符串，可以按照小圆点分割成三部分。接下来，我们解密这三部分的含义。

第一部分为 header，内容如下。

```
eyJhbGciOiJIUzI1NiIsInR5cCI6IkpXVCJ9
```

这里我们将串乱码进行 Base64 解码，会变成一个 JSON 串。

```
{"alg":"HS256","typ":"JWT"}
```

其中 typ 指的是类型，alg 指的是加密算法。一般 JWT 的 header 部分只有这两个属性。

第二部分为 payload，内容如下。

```
eyJ1c2VybmFtZSI6ImxpdWppYW5naG9uZyIsImlhdCI6MTYzMDcyNTU0N
iwiZXhwIjoxNjMwNzI5MTQ2fQ
```

我们也将这串乱码进行 Base64 解码，得到一个 JSON 串。

```
{"username":"liujianghong","iat":1630725546,"exp":
  1630729146}
```

在 payload 中是可以添加一些公共信息的，比如用户名。在 JWT 的标准里，payload 有以下几处申明。

❑ iss：JWT 签发者。

❑ sub：JWT 所面向的用户。

- ❏ aud：接收 JWT 的一方。
- ❏ exp：JWT 的过期时间，这个过期时间必须大于签发时间。
- ❏ nbf：定义在什么时间之前，该 JWT 都是不可用的。
- ❏ iat：JWT 的签发时间。
- ❏ jti：JWT 的唯一身份标识，主要用来作为一次性 token，从而回避重放攻击。

第三部分为 signature，内容如下。

```
tCZobphzBo0atE5cXLVI-9NxE-PUbs9dY1gPSrty5pw
```

signature 部分的生成是由 Base64 编码之后的 header 和 payload 通过小圆点连接起来，再通过加密算法（需要一个 secret）生成的。过程可以用如下语句表述。

```
HMACSHA256(base64UrlEncode(header) + "." +
  base64UrlEncode(payload), secret)
```

在了解 JWT 组成后，我们通过实例来模拟一下 JWT 的使用场景。现在有一个系统，整体页面如图 4-4 所示。

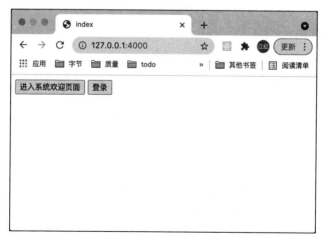

图 4-4　系统的前端页面

要实现的功能是当用户第一次点击"进入系统欢迎页面"时，由于没有登录，所以被提示没有权限访问，当用户点击"登录"按钮，进行登录页面之后，再点击"进入系统欢迎页面"时，返回接口数据。实现过程主要分为两部分，一部分是前端两个按钮分别绑定对应的发起请求操作，另一部分是后端鉴权操作。先进行前端的实现，代码如下。

```
// static/index.html
<!DOCTYPE html>
<html>
<head>
  <meta charset="UTF-8">
  <title>index</title>
</head>
<body>
  <button onclick="welcome()">进入系统欢迎页面 </button>
  <button onclick="login()">登录 </button>
  <p></p>
</body>
<script>
  function welcome() {
    const token = localStorage.getItem('token')
    fetch('/welcome', {
      method: 'GET',
      headers: {
        'authorization': 'Bearer ' + token,
        'content-type': 'application/json'
      }
    }).then(response => {
      if(response.status === 401) {
        alert(' 无权限！需要先登录 ')
      } else {
        return response.json()
      }
    }).then(json => {
      document.querySelector('p').innerHTML = JSON.
        stringify(json)
    })
  }
```

```
function login() {
  fetch('/login', {
    method: 'POST',
    body: JSON.stringify({
      userName: 'liujianghong'
    }),
    headers: {
      'Content-Type': 'application/json'
    },
  })
  .then(response => response.json())
  .then(json => {
    if(json.token) {
      localStorage.setItem('token', json.token)
      alert('登录成功')
    }
  })
}
</script>
</html>
```

整体逻辑就是通过两个按钮绑定了两个调用后端接口的方法，后端返回到 token 存在的 localStorage 中。接下来看一下后端的实现。

```
// app.js
const koa = require('koa');
const bodyParser = require('koa-bodyparser');
const app = new koa();
const Router = require('koa-router');
const router = new Router();
const static = require('koa-static');
const path = require('path');

const { sign } = require('jsonwebtoken');
const secret = 'my_secret';
const jwt = require('koa-jwt')({ secret });

app.use(bodyParser())
app.use(static(path.join(__dirname, '/static')))

router.post('/login', async (ctx, next) => {
```

```
    const { userName } = ctx.request.body;
    if (userName) {
      const token = sign({ userName }, secret, {expiresIn:
        '1h'});
      ctx.body = {
        mssage: 'get token success!',
        code: 1,
        token
      }
    } else {
      ctx.body = {
        message: 'param error',
        code: -1
      }
    }
  })
  .get('/welcome', jwt, async (ctx, next) => {
    ctx.body = { message: 'welcome!!!' }
  })

app
  .use(router.routes())
  .use(router.allowedMethods())
app.listen(4000, () => {
  console.log('server is running, port is 4000')
})
```

上述代码中的亮点是 koa-jwt 这个包是一个用来进行 JWT
鉴权的中间件，其主要功能是生产 JWT。当用户第一次调用 /
welcome 接口时，JWT 中间件鉴权会失败，向前端返回 401 状态
码，并提示"无权限！需要先登录"，效果如图 4-5 所示。

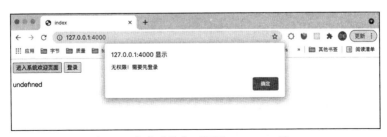

图 4-5 未登录状态下调用 /welcome 接口

当点击"登录"按钮后，系统会提示"登录成功"，并且在 localStorage 中种下后端返回的 JWT，效果如图 4-6 所示。

图 4-6　登录成功

再进行 /welcome 接口调用时，会带上 localStorage 中的 token 进行鉴权，鉴权通过后直接返回接口数据，效果如图 4-7 所示。

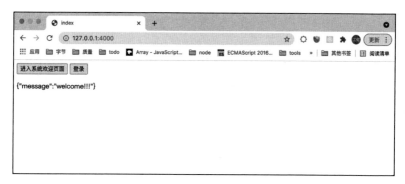

图 4-7　登录后调用 /welcome 接口

相比一般的 Session 方案，JWT 虽然在减轻服务器压力以及提高扩展性等方面比较出色，但是它有一个缺点就是无法在使用过程中废止某个 token，或者更换 token 的权限。也就是说，一旦 JWT

签发了，在到期之前会始终有效，除非服务器部署额外的逻辑。

> 提示　其实 JWT 放在 Cookie 里也没问题，并且请求的时候会自
> 动带上 JWT，由于存在跨域问题，因此放在 header 中的
> Authorization 属性中。

4.2.2　单点登录

在互联网公司工作，一定遇到过这样的场景，公司内部有很多平台系统，新用户第一次登录 A 系统时，会跳转到公司内部的一个登录平台，需要输入用户名和密码，或者手机扫码进行登录。成功登录 A 系统之后，在访问 B 系统时，发现不用再到登录平台进行验证操作了，可以直接访问 B 系统。这种设计就是单点登录（Single Sign On，SSO）。单点登录的整体设计如图 4-8 所示。

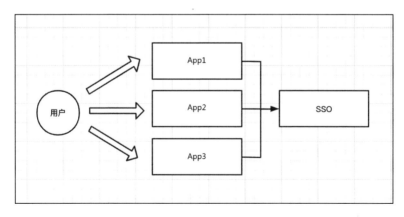

图 4-8　单点登录示意图

实现单点登录的方式有很多，本节将介绍 3 种实现方式：同域SSO、同父域 SSO 以及跨域 SSO。

1. 同域 SSO

同域 SSO 指的是相同域名下的 App，流程如图 4-9 所示。

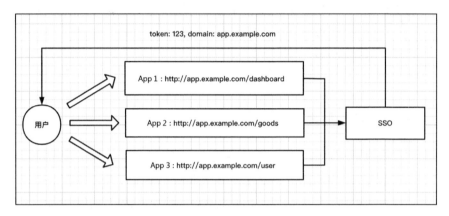

图 4-9　同域 SSO 原理

图 4-9 中，3 个 App 的域名都是 app.example.com，只是后面跟的路径不一样，用户登录 App1 后，服务端将返回一个 token 并种在 app.example.com 域下面。当用户访问 App2 时，请求会自动带上 app.example.com 域下面的 Cookie，因为该 Cookie 是登录成功后颁发的，所以鉴权肯定是通过的，进而做到了单点登录。多数情况下，同域 App 就是一个产品，当然也有一些情况虽然是同域，但是可以划分成不同的产品，比如微前端方式。

2. 同父域 SSO

同父域 SSO 指的是 App 本身域名不一样，父级域名一样。这种方式也可以实现单点登录，因为浏览器发起请求的时候，会自动带上父级域名的 Cookie，原理如图 4-10 所示。

这种实现方式本质上和同域 SSO 是一样的。

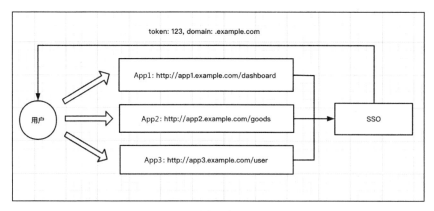

图 4-10　同父域 SSO 原理

3. 跨域 SSO

如果 App 之间的同级域不一样，父域也不一样，在 Cookie 不共享的情况下，该如何做到单点登录呢？集中式认证服务（Central Authentication Service，CAS）架构可以解决这样的问题。目前业界做 SSO 鉴权的方案多数是采用了 CAS 架构。

CAS 架构分为两部分——一部分是 CAS 客户端；另一部分是 CAS 服务端。CAS 客户端是受保护的应用，即需要鉴权的系统。CAS 服务端负责鉴权工作，通常情况下，每个公司都有一个 SSO 统一平台，它就是 CAS 服务端。

下面详细介绍 CAS 的使用原理。假设现在有两个系统，一个平台 App 的域名是 https://app.example.com，另一个平台 App2 的域名是 https://app2.example.com。用户两个平台都没有登录过，当用户第一次访问 App 时，执行顺序如图 4-11 所示。

1）用户第一次访问 App。

2）App 经过验证发现，该用户没有登录过，于是浏览器跳转到 CAS 服务端的登录页面进行认证，此时 URL 的 query 参数中带有访问 App 的 URL。

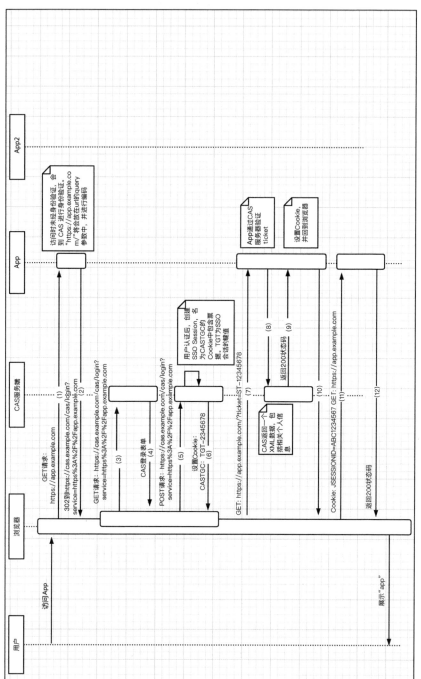

图 4-11　第一次访问 App 的顺序

3）CAS 服务端发现该浏览器之前没有建立过 Session。

4）跳转到 CAS 服务端的登录页面。

5）用户填写用户名和密码。

6）CAS 服务端验证该用户名和密码的有效性，经过验证，该用户是有效用户，CAS 服务端会创建一个 Session，并且颁发一个通行证。SessionID 和通行证会通过响应头返回给浏览器。

7）浏览器发起请求访问 App Server。

8）App Server 带着刚刚 CAS 服务颁发的通行证，向 CAS 服务端索要用户的相关信息。

9）CAS 服务端验证 App Server 带来的这个通行证是有效的，于是通过 XML 形式把用户相关信息交给了 App Server。

10）用户信息包含着一个重要的数据 ABC1234567，就是图 4-11 中的 JSESSIONID，浏览器会将其种到 Cookie 中，并告诉浏览器重定向第一步中访问 App 的 URL。

11）App Server 在收到请求后，发现带过来的 Cookie 是 {JSESSIONID: ABC1234567}，于是验证该 Cookie 是否有效。

12）发现 ABC1234567 是有效 Cookie，于是将接口数据返回给浏览器。

ST、TGT 和 TGC

- ST（Service Ticket）：CAS 服务端生成的票据，可以理解为一张通行证。这个通行证只能用一次并且有过期时间。
- TGT（Ticket Granting Ticket）：TGT 就是 SessionID，后续用它来验证是否需要创建新的 Session，即是否需要再次跳转到 SSO 的登录界面，填写用户名和密码）。TGT 是种在 SSO 域名下面的。
- TGC（Ticket Granting Cookie）：Cookie 中对应 TGT 的键值。

当用户再次访问 App 时，由于已经在 Cookie 里种了 token（也就是 {JSESSIONID: ABC1234567}），请求会自动带上 Cookie 在 App 服务端进行验证，如果验证通过，则直接返回结果。流程如图 4-12 所示。

1）带着 Cookie 发起请求，在 App 服务端进行验证。

2）验证通过，直接返回结果。

登录 App 后，用户第一次访问 App2 的顺序如图 4-13 所示。

1）用户访问 App2。

2）App2 服务端验证 Cookie 失败，浏览器重定向跳转到 CAS 服务端的登录页面。

3）由于在登录 App 的时候，已经在 CAS 服务域下面种了 TGT，因此这次请求是带 Cookie 的。

4）CAS 服务端验证了一下 TGT，发现之前已经建立了 Session，于是这次就不用跳转到登录页面了，而是直接下发 ST。

5）CAS 带着 ST 来访问 App2 Server。

6）App2 服务端再拿着请求带过来的 ST，找 CAS 服务要用户的相关信息。

7）CAS 验证 ST 通过，于是把用户的相关信息给了 App2 服务端，其中包含 token。

（8）App2 服务端在请求返回时，告诉浏览器在 app2.example.com 域下种上 token，并且状态码为 302，告诉浏览器接下来进行重定向。

9）浏览器再次请求 App2 服务，这次是带有 token 的。

10）App2 服务器验证该 token，通过后返回接口数据。

我们用一个现实中的场景来解释 CAS 架构原理。假如我入职了一家新公司，该公司的办公区和食堂都有门卫，如果没有一张有效工卡，是进不去办公区和食堂的。工卡需要到公司前台去办理，于是就有了这样一个场景，流程如图 4-14 所示。

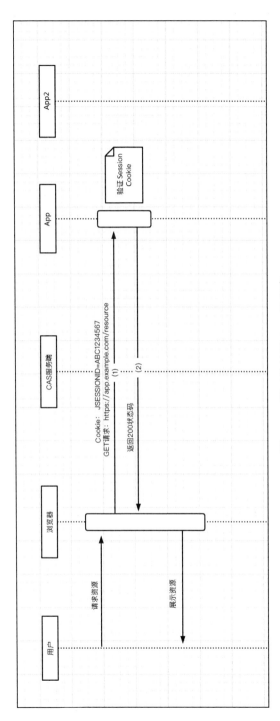

图 4-12　第二次访问 App 的顺序

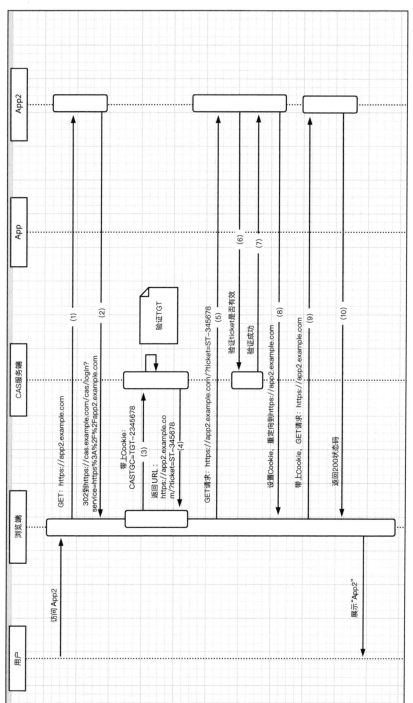

图 4-13 用户第一次登录 App2 的顺序

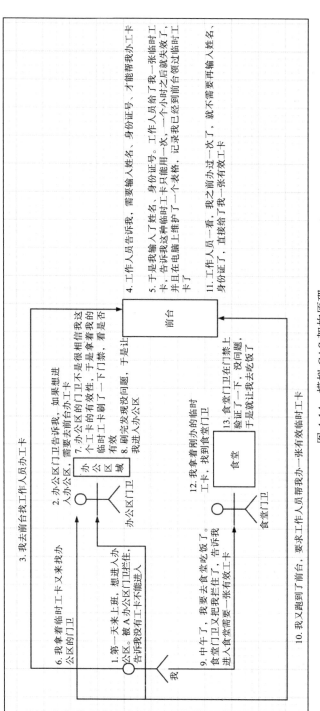

图 4-14　模拟 CAS 架构构原理

这个办理临时工卡的过程与 CAS 原理的对应关系如下。

❑ 我代表用户。

❑ 办公区域和食堂代表受保护的 App 和 App2。

❑ 前台代表 CAS 服务。

❑ 临时工卡代表 ST，只能用一次的临时票据。

❑ Excel 表代表 CAS 创建的 Session，记录着 TGT。

4. 授权协议 OAuth 2.0

OAuth 2.0 标准目前广泛应用于第三方平台授权场景。比如我想分享一篇博客园的文章，但是我没有登录，博客园告诉我登录后才能分享文章。这个时候，传统的做法是先在博客园平台上注册一个账号，然后登录该账号，最后进行分享。这涉及用户体验的问题，注册时需要填很多表单，很多用户觉得麻烦就不想注册新账号了，这样会流失一部分用户。OAuth 2.0 就可以用来解决这个问题。

（1）QQ 授权博客园登录分析

有了 OAuth 2.0，在同样的场景下，用户可以通过第三方平台（比如微信、QQ、微博等）进行授权。只要授权成功，那么博客园就可以使用第三方平台的用户信息了，用户不用重复注册。接下来，我们以博客园登录为例，用 QQ 授权这个场景来介绍 OAuth 2.0 的使用流程。

用户第一次登录博客园时，博客园会弹出一个登录框，告诉用户需要登录，如图 4-15 所示。

当用户选择第三方 QQ 登录时，会跳转到 QQ 的授权页面，如图 4-16 所示。

用户用 QQ 手机客户端扫码并同意授权后，浏览器重定向到博客园之前的 URL，并显示用户已经登录，此时用户名和头像正是 QQ 中的用户名和头像。OAuth 2.0 的授权及验证流程如图 4-17 所示。

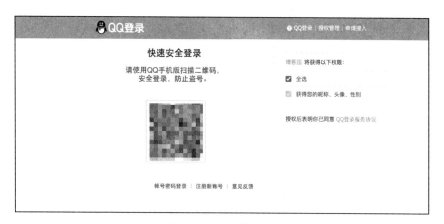

图 4-15　博客园登录界面

图 4-16　QQ 授权页面

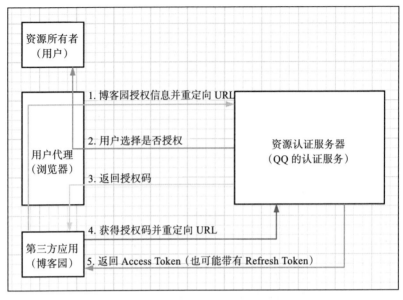

图 4-17　QQ 授权及验证流程

1）博客园跳转到 QQ 统一授权登录页面，URL 会带有一些参数，如表 4-1 所示。

表 4-1　获取 Authorization Code 请求参数

参　数	是否必需	含　义
response_type	必需	授权类型，此值固定为"code"
client_id	必需	申请 QQ 登录成功后，分配给应用的 appid
redirect_uri	必需	成功授权后的回调地址，必须是注册 appid 时填写的主域名下的地址，建议设置为网站首页或网站的用户中心。注意需要将 URL 进行编码
state	必需	客户端的状态值。用于第三方应用防止 CSRF 攻击，成功授权后回调时会原样带回。请务必严格按照流程检查用户与 state 参数状态的绑定

（续）

参　数	是否必需	含　义
scope	可选	• 请求用户授权时向用户显示的可进行授权的列表 • 可填写的值是 API 文档中列出的接口，如果要填写多个接口名称，请用逗号隔开 例如：scope=get_user_info,list_album,upload_pic 不传入，则默认请求对接口 get_user_info 进行授权 • 建议控制授权项的数量，只传入必要的接口名称，因为授权项越多，用户越可能拒绝进行任何授权
display	可选	• 仅 PC 网站接入时使用 • 用于展示的样式。不传入则默认展示为 PC 端的样式 • 如果传入"mobile"，则展示为移动端的样式

2）用户扫码登录，表示同意授权。

3）QQ 服务器收到同意授权后，生成一个授权码，返回给博客园。

4）博客园携带上一步返回的授权码，再次向 QQ 认证服务器发起请求，这次是索要 token。具体请求参数如表 4-2 所示。

表 4-2　获取 token 请求参数

参　数	是否必需	含　义
grant_type	必需	授权类型，在本步骤中，此值为"authorization_code"
client_id	必需	申请 QQ 登录成功后，分配给网站的 appid
client_secret	必需	申请 QQ 登录成功后，分配给网站的 appkey
code	必需	• 上一步返回的 authorization code • 如果用户成功登录并授权，则会跳转到指定的回调地址，并在 URL 中带上 authorization code 例如，回调地址为 www.qq.com/my.php，则跳转到 http://www.qq.com/my.php?code=520DD95263C1CFEA087****** 注意此授权码会在 10 分钟内过期
redirect_uri	必需	与上一步中传入的 redirect_uri 保持一致
fmt	可选	因历史原因，默认是 x-www-form-urlencoded 格式，如果填写 json，则返回 JSON 格式

5）QQ 认证服务器返回 token（一个是授权 token，一个是刷新 token），返回参数如表 4-3 所示。

表 4-3　获取 token 接口的返回数据

项目类型	描　述
access_token	授权令牌，Access_Token
expires_in	该 access token 的有效期，单位为秒
refresh_token	在授权自动续期的过程中，获取新的 Access_Token 时需要提供的参数 注：refresh_token 仅可使用一次

接下来，博客园带着 access_token 向 QQ 索要用户信息。其实应用于企业 SSO 的 OAuth 2.0 的使用过程和 QQ 授权博客园登录的原理一致。企业内部通常有一个 SSO 平台，我们将其类比为 QQ 授权平台，博客园就相当于公司内部各种需要授权登录的系统。

（2）早期 OAuth 2.0 的安全漏洞

OAuth 2.0 早期暴露过很多安全漏洞，比如 CSRF 攻击。读者在表 4-1 中可以看到，授权码请求中有一个 state 参数，目的是防止 CSRF 攻击。还是以博客园登录为例，假如没有 state 参数，现在有张三和李四两个用户，张三是正常用户，李四是攻击者，具体过程如下。

1）攻击者李四登录博客园网站时，选择用第三方平台 QQ 登录。

2）由于他之前登录过 QQ，因此 QQ 直接向询问是否授权博客园。

3）李四在同意授权后，截获了授权码。

4）李四打造了一个 Web 页面，触发向 QQ 发起申请 token 的请求，而请求中的授权码，就是第三步中截获的授权码。李四把这个精致的 Web 页面挂在了网上，等待被骗者。

5）张三虽然已经登录了博客园，但是没有绑定第三方平台的账号。有一天张三无意间点击了李四的页面，触发了向 QQ 平台索要 access_token 的请求，因为请求中的授权码是李四的，所以以拿回来的 access_token 也是李四的。这样张三的博客园就绑定了李四的 QQ 账号。

6）李四可以用自己的账号冒充张三进行一系列操作了。

如果在请求中加了 state 参数，因为 state 参数具有唯一性、时效性、关联性，所以这种具有欺骗性的请求很容易被识别出来。

4.3　数据存储

在实际的 Koa 应用中，数据存储问题是避免不了的。在不同场景下，不同类型的数据存储的地方也不一样，比如一些重要数据需要长期存储，那么存储在数据库里比较合适；一些日志数据，存储在 Elasticsearch 中比较合适；一些数据存取需要速度更快一些，利用 Redis 进行存储最为合适。本节将讲述如何使用各类数据存储。

4.3.1　数据库的使用

目前市场上的数据库产品有很多，比如 SQL Server、Oracle、MySQL、MongoDB、DB2 等。企业一般会结合自己的业务场景选择不同的数据库。对于一般项目而言，MySQL 就能满足需求了，笔者开发 Koa 项目也是基于 MySQL 实现的，下面以 MySQL 为例进行介绍。

1. MySQL 环境搭建

一般企业级别的数据库是分环境的，比如测试环境、线上环境等，并且这些数据库的维护一般有专人负责。如果本地想做一些开发，就需要搭建一套数据库环境。对于 MySQL 而言，只需要安装一个服务端和一个客户端。

对于 MySQL 服务端，需要到 https://dev.mysql.com/downloads/mysql/ 进行下载，如图 4-18 所示。

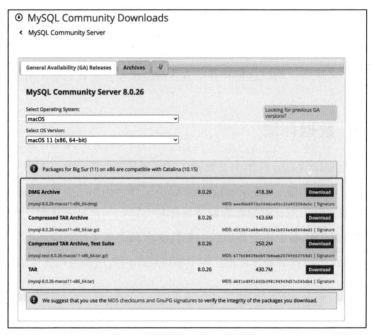

图 4-18　下载 MySQL 服务端

读者可以根据自己环境情况选择不同类型的包，下载后进行本地安装。打开控制台，输入命令 mysql -u root -p，接着输入登录密码，如果出现 mysql 命令行，说明安装成功，如图 4-19 所示。

进入 mysql 命令行，我们先创建一个名为 koadb 的数据库，命令如图 4-20 所示。

接着在 koadb 中创建一张简单的数据表 tbl_users，创建表语句如图 4-21 所示。

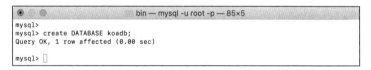

图 4-19　进入 MySQL server 命令行

图 4-20　创建 koadb 数据库

图 4-21　创建 tbl_users 表

　　当然，在命令行里，我们可以执行任何数据库操作，在实际的项目开发中，为了开发过程更方便，我们会下载一个数据库客户端，这样更便于做一些增删改查操作。比如想查看 tbl_users 表中有哪些数据，需要在命令行输入查询语句才能看到结果。而在客户端，就会展示一个列表出来，交互会更加友好。笔者推荐一款名为 Sequel Ace 的数据库客户端，对数据的增删改查操作确实非常方便，如图 4-22 所示。

图 4-22　Sequel Ace 软件开发工具

安装并打开软件，需要输入相关信息进行数据库连接，如图 4-23 所示。

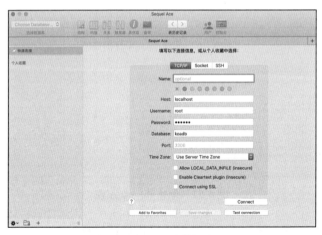

图 4-23　连接数据库

连接成功之后，就能看到我们刚才创建的数据库 koadb 了，如图 4-24 所示。

目前为止，数据环境搭建成功，接下来开始相关的开发。

2. 原生 SQL

我们可以在服务端通过输入相关的命令对数据库进行很多操

作。这些命令可以在 Node 端进行操作吗？答案是可以的。

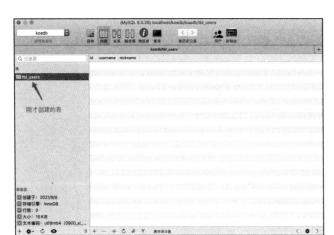

图 4-24　成功连接数据库

首先需要在工程中安装一个 mysql2 包，可输入命令 npm i
mysql2 进行安装，然后就可以写一个简单的程序进行测试了，代
码如下。

```
const mysql      = require('mysql2');
const connection = mysql.createConnection({
  host     : 'localhost',
  user     : 'root',
  password : '123456',
  database : 'koadb'
});

connection.connect();
const sql = `INSERT INTO tbl_users(username,nickname)
  VALUES('liujianghong',' 刘江虹 ')`;
connection.query(sql, function (error, results, fields) {
  if (error) throw error;
  console.log('The results is:', results);
});
```

运行该文件后，将在 tbl_user 表中插入一条数据，我们可以通

过客户端查看，如图 4-25 所示。

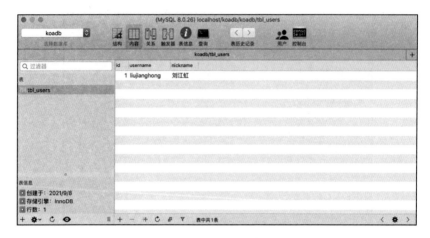

图 4-25　成功插入数据

3. 如何使用 ORM

在 Node 端执行 MySQL 命令的实现方式，和在服务端执行命令的方式类似。在 Node 社区中还流行着一种通过对象和关系类型的映射，使得操作数据库和操作对象一样，这就是常说的 ORM 技术，常用的社区包为 sequelize。

如果我们再往 tbl_users 表中插入一条数据，通过 ORM 的技术如何实现呢？首先需要安装依赖 sequelize 和 mysql2，然后简单实现一个插入操作，实例代码如下。

```
const { Sequelize, DataTypes } = require('sequelize');
const sequelize = new Sequelize('koadb', 'root', '123456',
{
  host: 'localhost',
  dialect: 'mysql',
});

const User = sequelize.define('tbl_user', {
  id: {
```

```
    type: Sequelize.STRING(50),
    primaryKey: true
  },
  username: {
    type: DataTypes.STRING,
    allowNull: true
  },
  nickname: {
    type: DataTypes.STRING,
    allowNull: true
  }
},{
  timestamps: false
});

User.create({
  username: 'liujianghong2',
  nickname: '刘江虹 2'
}).then(res => {
    console.log(res)
}).catch(err => {
    console.log(err)
})
```

使用起来非常简单，实例化一个 Sequelize 对象，将表结构映射到一个 User 对象上，通过 User 对象就可以对数据库进行各种操作了。需要注意的是，定义表结构时，tbl_user 表其实就是实际数据库中的 tbl_users 表。

执行代码后可以看到，新增的数据插入 tbl_users 表中，如图 4-26 所示。

ORM 技术的优势就在于我们可以通过操作 JavaScript 对象的方式来进行数据库的相关操作，这就是 sequelize 包深受广大前端开发者青睐的原因。关于 sequelize 的更多用法，读者可以阅读官网 http://sequelize.org/ 上面的相关文档。

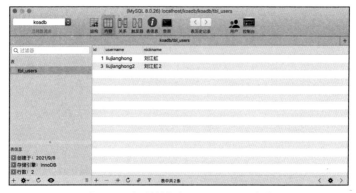

图 4-26　新增数据插入 tbl_users 表中

4.3.2　Elasticsearch 的接入

Elasticsearch 是一个分布式的免费开源搜索和分析引擎，适用于文本、数字、地理空间、结构化和非结构化数据等数据类型。Elasticsearch 在 Apache Lucene 的基础上开发而成，由 Elasticsearch N.V.（即现在的 Elastic）于 2010 年首次发布。Elasticsearch 以简单的 REST 风格 API、分布式特性、运行速度和可扩展性而闻名。Elasticsearch 可以简单理解为一个数据库，其对于大数据的搜索性能优势非常明显。

在一些实际业务场景中，可能需要临时存储大量的数据，并且经常进行查询操作，比如项目中的各种日志，包括 access-log、api-log、error-log 等，甚至还需要进行各种分析。如果把这些数据存储到数据库里有些不妥，原因是日志具有时效性，最近存储的日志具有分析价值，如果日志久远，就会变成垃圾数据，那么这些垃圾数据就不应该占据磁盘空间了。数据库应该用于存储持久性数据。在这种情况下，使用 Elasticsearch 是最合适的，一般在公司内部，会将 Elasticsearch 部署到一台独立的服务器上，由 OP 人员维护，并且 Elasticsearch 上的日志是有保存期限的，一般是两个月（不同场景下，日志保存期限不一样），过了期限，日志将被删除。

1. 环境搭建

Elasticsearch 环境搭建非常简单，首先我们需要到 Elasticsearch 官网下载软件，下载地址为 https://www.elastic.co/cn/downloads/elasticsearch，下载页面如图 4-27 所示。

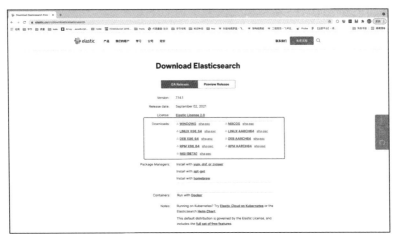

图 4-27　Elasticsearch 官方下载页面

下载后将其解压，进入根目录下执行 ./bin/elasticsearch 命令即可启动，如图 4-28 所示。

如果看到 started 这行日志，说明启动成功了。

同数据库的环境搭建，有了服务端，我们还需要一个客户端，用于更直观地查看数据。笔者推荐一款名为 ElasticSearch Head 的 Chrome 插件，如图 4-29 所示。

插件添加成功后，就可以连接本地的服务端进行测试了。

图 4-28　启动 Elasticsearch

图 4-29　Chrome 插件 ElasticSearch Head

2. 和数据库的对比

Elasticsearch 是一个搜索引擎，虽然也有存储数据的功能，但是两者在使用场景以及能解决的问题方面都不相同。关系型数据库更适合 OLTP（一种以事务元作为数据处理的单位、人机交互的计算机应用系统，最大优点是可以即时处理输入的数据并及时回答）业务场景。而 Elasticsearch 适合 OLAP 的场景（它使分析人员能够迅速、一致、交互地从各个方面观察信息，以达到深入理解数据的目的），比如海量日志分析和检索等。

虽然 Elasticsearch 和关系型数据库在很多方面有所不同，但是对于开发人员来说，如果对于数据库比较熟悉，对于 Elasticsearch 比较陌生，也可以通过类比的方式进行学习。在关系型数据库中，有几个重要的概念：Table（表）、Schema（结构、定义）、Row（数据行）、Column（数据列）、SQL（查询等语句）。在 Elasticsearch 中也有几个重要概念：Index（索引）、Type（类型）、Mapping（索引定义）、Document（文档）、Field（字段）、DSL（查询等语句）。两者可以进行对比理解，如表 4-4 所示。

表 4-4　关系型数据库和 Elasticsearch 的概念对比

关系型数据库	Elasticsearch
Table（表）	Index（索引）
Row（数据行）	Document（文档）
Column（数据列）	Field（字段）
Schema（结构、定义）	Mapping（索引定义）
SQL（查询等语句）	DSL（查询等语句）

为了更好地理解 Elasticsearch，我们通过一个实例来解析两者的具体使用。比如现在有一个需求，即创建一个 student 索引。我们可以先用关系型数据库创建一张 student 表（还在 4.3.1 节中的 koadb 数据库中创建），属性包括性别、年龄、姓名。

```
CREATE TABLE student(
  name varchar(20),
  sex char(5),
  age int
);
```

创建成功后，执行如下插入语句。

```
INSERT INTO student (`name`,`sex`,`age`) VALUES
  ('liujianghong','male','29');
```

执行成功后，就可以在客户端查看效果了，如图 4-30 所示。

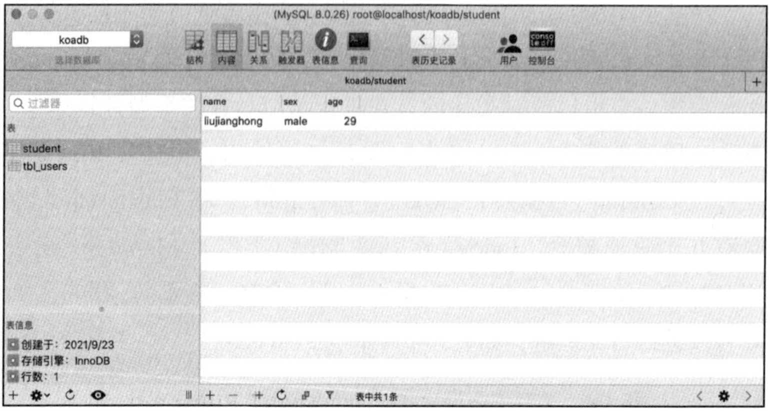

图 4-30　创建 student 表

接下来在 Elasticsearch 上创建一个 student 索引，在使用 Elasticsearch 之前，先开启服务端查看前面的内容，然后在 Chrome 浏览器上打开客户端进行连接。如果连接成功，就可以执行如下创建索引的语句了。

```
POST student/_create/1
{
  "name":"gala",
  "sex":"male",
  "age":22
}
```

在客户端执行上述语句的效果如图 4-31 所示。

创建成功后，我们可以在"数据浏览"中看到创建好的索引，如图 4-32 所示。

接下来可以像数据库查询操作一样，对索引进行查询，执行 DSL 语句如下。

```
student/_search
```

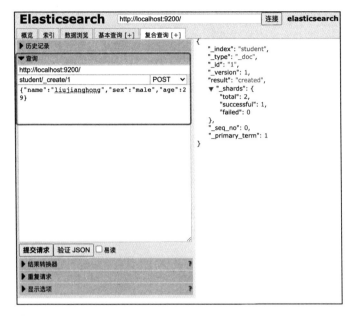

图 4-31　在客户端执行创建索引的语句

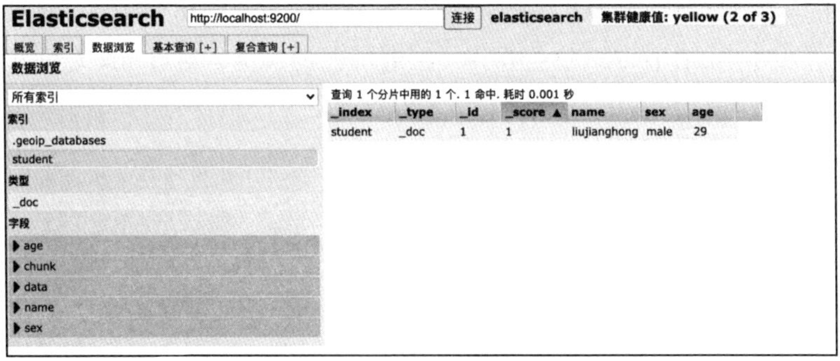

图 4-32　查看创建好的索引

查询效果如图 4-33 所示。

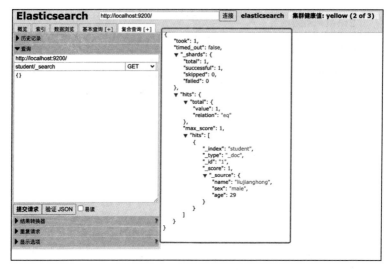

图 4-33　DSL 查询索引

3. Node 端 sdk 如何使用

在 Node 项目中，一般通过安装 sdk 对 Elasticsearch 进行操作，类似操作 MySQL。我们需要安装 npm 包 elasticsearch，通过它来对 Elasticsearch 进行操作。接着前面的实例，通过 sdk 来创建一个新的索引 student2，具体代码如下。

```
let elasticsearch = require('elasticsearch');
let client = new elasticsearch.Client({
  host: 'localhost:9200',
  log: 'trace'
});

// 进行连接测试
client.ping({
  requestTimeout: 1000
}, function (error) {
  if (error) {
    console.trace('elasticsearch cluster is down!');
  } else {
```

```
    console.log('All is well');
  }
});

client.create({
  index: 'student2',
  type: '_doc',
  id: '2',
  body: {
    name: 'liujianghong2',
    sex: 'male',
    age: 29
  }
}).then(res => {
  console.log(res)
}).catch(err => {
  console.log(err)
})
```

程序执行后，就可以看到在 Elasticsearch 上创建了一个新的索引 student2，如图 4-34 所示。

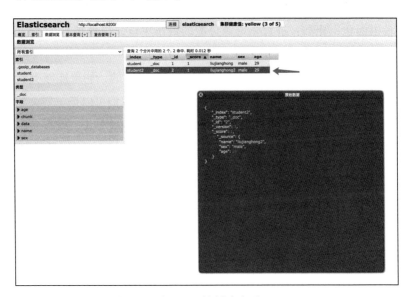

图 4-34　在 Node 端创建索引 student2

Elasticsearch 的操作有很多，如果读者想了解更多 API 操作，请参见官网 https://www.elastic.co/guide/en/elasticsearch/client/javascript-api/current/index.html，本书就不展开介绍了。

4.4　进程管理

进程是一个非常重要的概念，尤其对于单线程的 JavaScript 来说，做好进程管理在负载性能方面能体现出巨大的价值。尤其在支撑公司级别的大型项目时，多进程管理是必不可少的。本节将具体讲述 Node 进程相关的知识。

4.4.1　进程的概念

在一些面试中，面试官经常会问一个问题：进程和线程有什么区别。虽然这是一个老生常谈的问题，但是很多应聘者的回答都比较书面化，比如：进程是资源分配的最小单位，线程是 CPU 调度的最小单位。

我们对于新概念的理解都是需要一个过程的，如果能够类比为比较熟悉的场景，理解会更快一点。比如，我们可以把一列火车理解为一个进程，一节车厢理解为一个线程。也就是说，线程必须在进程上执行。进程与进程之间是互不干涉的，好比一列火车由于故障停运了，并不影响另一列火车正常运行。如果线程坏了，那么进程也就崩溃了，好比一节车厢坏掉了，那么火车也就不能正常运行了。

4.4.2　创建多进程

在成熟的 Node 项目中，基本都会提供多进程的功能，主要有两个好处——一是目前大多数的服务器都是多核的，多进程可以更好地利用服务器资源，提高性能优势；二是进程之间互不影响，其中一个进程坏了，其他进程也可以正常运行，不影响线上业务。

Node 创建多进程的方式有 3 种。

❑ child_process.exec：使用子进程执行命令，缓存子进程的输出并以回调函数参数的形式返回。

❑ child_process.spawn：使用指定的命令行参数创建新进程。

❑ child_process.fork：spawn() 的特殊形式，应用于子进程中运行的模块，如 fork('./son.js') 相当于 spawn('node', ['./son.js'])。与 spawn 方法不同的是，fork 会在父进程与子进程之间建立一个通信管道，用于进程之间的通信。

接下来，我们通过实例来加深对这 3 种创建方式的理解。假设现在有一个主进程，要用子进程来执行一个命令，child_process.exec 方式的实现代码如下。

```js
// exec.js
const child_process = require('child_process');

for(var i=0; i<3; i++) {
  var workerProcess = child_process.exec('node command.js
    '+i, function (error, stdout, stderr) {
    if (error) {
      console.log(error.stack);
      console.log('Error code: '+error.code);
      console.log('Signal received: '+error.signal);
    }
    console.log('stdout: ' + stdout);
    console.log('stderr: ' + stderr);
  });

  workerProcess.on('exit', function (code) {
    console.log(' 子进程已退出，退出码 '+code);
  });
}
```

子进程执行的文件只有标准日志输出，代码如下。

```
// command.js
console.log(`pid: ${process.pid}, 进程 ${process.argv[2]}
  的 stdout`);
console.error(`pid: ${process.pid}, 进程 ${process.argv[2]}
  的 stderr`);
```

执行 exec.js，结果如图 4-35 所示。

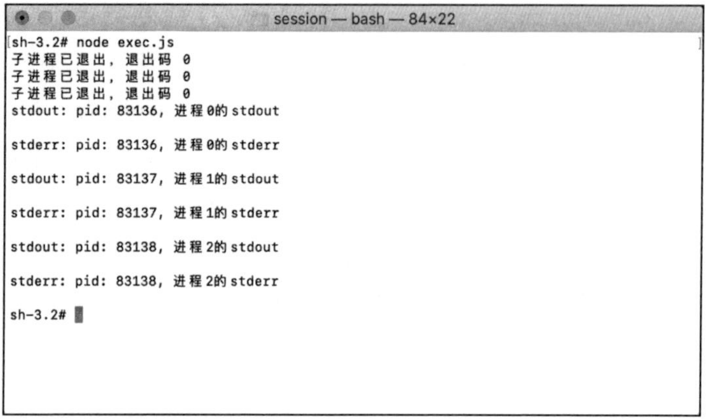

图 4-35　exec 创建多进程执行结果

可以看到，每个子进程 pid 都是不一样的，说明 exec 方法确实创建了多个不同的进程来执行不同的任务。这种模式如果遇到子进程有大量数据输出，就不太合适了，这类情况用 spawn 来实现比较好，因为 spawn 的数据是通过流的方式返回的，代码如下。

```
// spawn.js
const child_process = require('child_process');

for(var i=0; i<3; i++) {
  var workerProcess = child_process.spawn('node',
    ['command.js', i]);

  workerProcess.stdout.on('data', function (data) {
    console.log('stdout: ' + data);
```

```
});

workerProcess.stderr.on('data', function (data) {
  console.log('stderr: ' + data);
});

workerProcess.on('close', function (code) {
  console.log('子进程已退出, 退出码 '+code);
});
}
```

执行结果如图 4-36 所示。

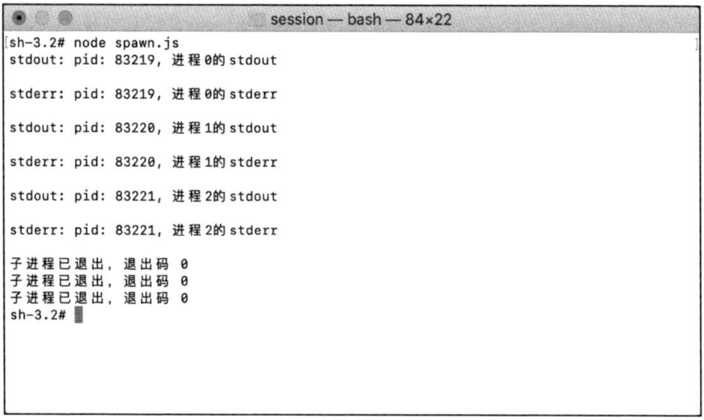

图 4-36　spawn 创建多进程执行结果

执行结果和 exec 方式的执行结果类似。spawn 尽管比 exec 的使用场景多一些，但是对于主子进程频繁通信的场景支持得不好，这个时候可以通过 fork 的方式创建子进程，代码如下。

```
// fork.js
const child_process = require('child_process');

for(var i=0; i<3; i++) {
  var worker_process = child_process.fork("command.js", [i]);

  worker_process.on('close', function (code) {
```

```
    console.log('子进程已退出，退出码 ' + code);
  });
}
```

执行结果如图 4-37 所示。

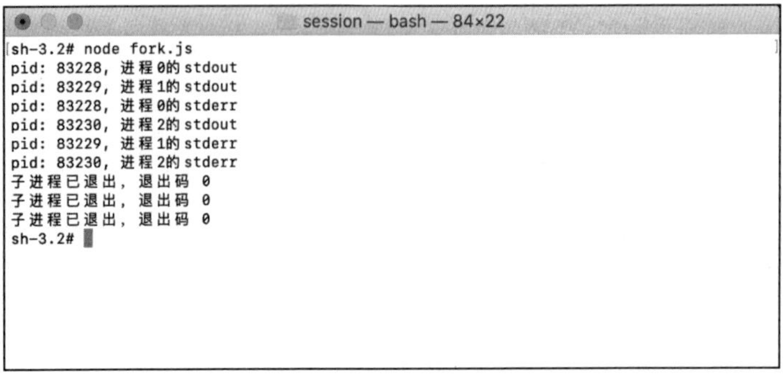

图 4-37　fork 创建多进程执行结果

4.4.3　进程通信

在主从模式场景下，进程通信是避免不了的，那么在 Node 服务中，进程如何通信呢？本节介绍两种方式。

1）通过 Node 原生的 IPC（Inter-Process Communication，进程间通信）来实现。这种方式比较普遍且通用，一般企业里的项目也是通过这种方式进行进程间通信的。下面通过一个实例进行介绍，主进程代码如下。

```
// master.js
const cp = require('child_process');
const n = cp.fork(`child.js`);

n.on('message', (msg) => {
  console.log('主进程收到子进程的消息：', msg);
});

// 主进程发送给子进程的消息
n.send('hello child process！');
```

子进程的代码如下。

```
process.on('message', (msg) => {
  console.log(' 子进程收到主进程的消息: ', msg);
});

// 给主进程发消息
process.send('hello master process!');
```

执行 master.js，运行结果如图 4-38 所示。

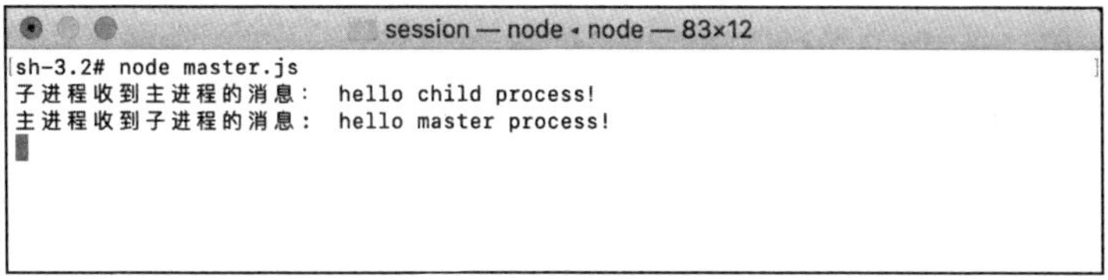

图 4-38　IPC 主子进程通信

简单来说，IPC 就是通过共享内存的方式实现进程通信的，使得多个进程可以访问同一个内存空间。

2）多个进程可以通过 Socket 进行通信，具体实例代码如下。

```
// master.js
const { spawn } = require('child_process');
const child = spawn('node', ['child'], {
  // 子进程的标准输入输出配置
  stdio: [null, null, null, 'pipe'],
});
child.stdio[1].on('data', data => {
  console.log(` 来自子进程消息 ${data.toString()}`);
});
```

子进程代码如下。

```
// child.js
const net = require('net');
const pipe = net.Socket({ fd: 1 });
pipe.write('hello master process! ');
```

执行 master.js 可以看到，子进程成功地把消息发给了主进程，运行结果如图 4-39 所示。

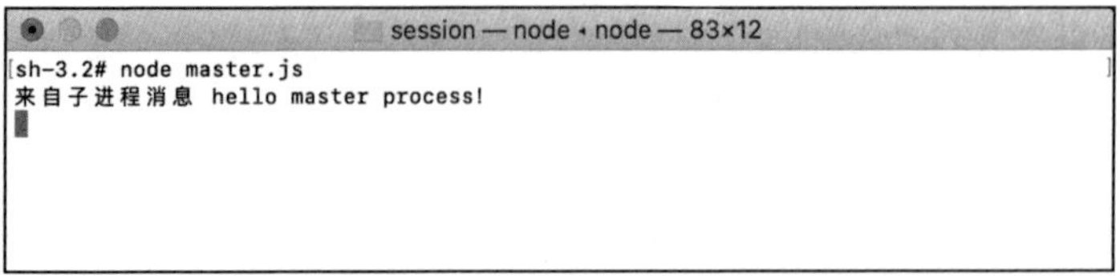

图 4-39　Socket 主子进程通信

4.5　日志处理

在实际项目中，需要记录各种日志来帮助我们排除错误或者查看记录。比如，BFF 框架需要记录一些请求日志 access.log、业务的异常日志 error.log 等。本节介绍如何通过强大的日志模块 log4js 来优雅地记录这些日志。

4.5.1　log4js 牛刀小试

首先用一个简单的例子来体验 log4js 的基础功能，代码如下。

```
const log4js = require("log4js");
const logger = log4js.getLogger();
logger.level = "debug";
logger.debug("Some debug messages");
```

执行该文件，在控制台可以看到对应的日志信息，如图 4-40 所示。

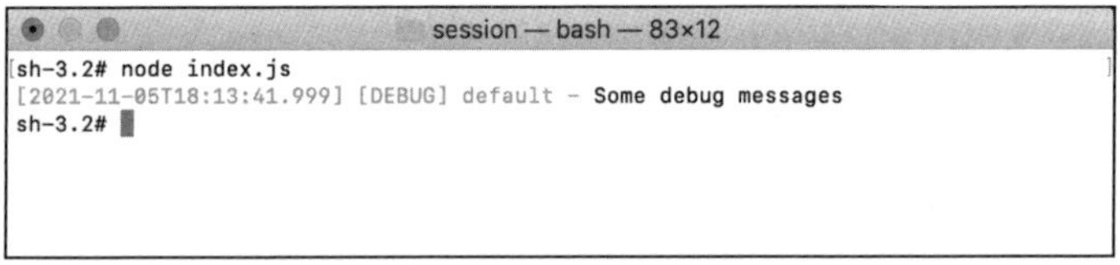

图 4-40　log4js 输出日志信息

　　上述实例展示了 log4js 的基础能力，即在控制台输出调试日志。log4js 在很多方面有着强大的功能，比如日志级别、日志分类落盘、日志分割等，这些功能将在 4.5.2 ~ 4.5.4 节进行详细讲解。

4.5.2　日志级别

　　log4js 对日志级别进行详细分类，比如重要的日志，可以用 error 或者 fatal 级别，不重要的日志，可以用 debug 或者 info 级别。log4js 提供了 9 种级别的日志，如图 4-41 所示。

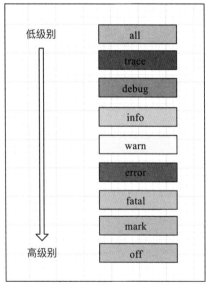

图 4-41　log4js 的 9 种日志级别

　　为了读者能够对这 9 种级别的日志有一个更深刻的认识，我们还是用一个实例来进行理解，代码如下。

```
const log4js = require("log4js");
```

```
const logger = log4js.getLogger();

// all level
logger.level = "all";
logger.all("Some all messages");

// trace level
logger.level = "trace";
logger.trace("Some trace messages");

// debug level
logger.level = "debug";
logger.debug("Some debug messages");

// info level
logger.level = "info";
logger.info("Some info messages");

// warn level
logger.level = "warn";
logger.warn("Some warn messages");

// error level
logger.level = "error";
logger.error("Some error messages");

// fatal level
logger.level = "fatal";
logger.fatal("Some fatal messages");

// mark level
logger.level = "mark";
logger.mark("Some mark messages");

// off level
logger.level = "off";
logger.off("Some off messages");
```

执行代码, 运行效果如图 4-42 所示。

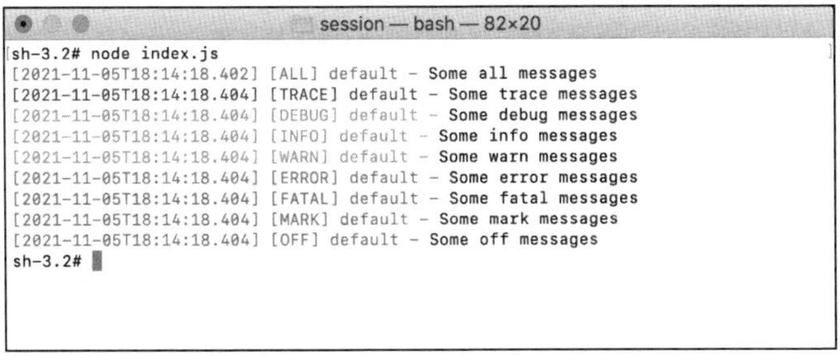

图 4-42　log4js 提供的 9 种日志级别

4.5.3　日志分类

　　日志级别是对日志在重要程度上的一个分类，在实际的业务
场景中，需要按照模块进行日志分类，log4js 也提供了这样的分类
功能。下面看一个简单的实例，需求是 app1 需要打印 app1 的日
志，app2 需要打印 app2 的日志，代码如下。

```
const log4js = require('log4js');
log4js.configure({
  appenders: {
    out: { type: 'stdout' }
  },
  categories: {
    default: { appenders: [ 'out' ], level: 'trace' }
  }
});

const logger = log4js.getLogger();
logger.trace('This will use the default category and go
to stdout');

const app1Log = log4js.getLogger('app1');
app1Log.trace('This will go to a file');

const app2Log = log4js.getLogger('app2');
app2Log.trace('This will go to a file');
```

执行代码，效果如图 4-43 所示。

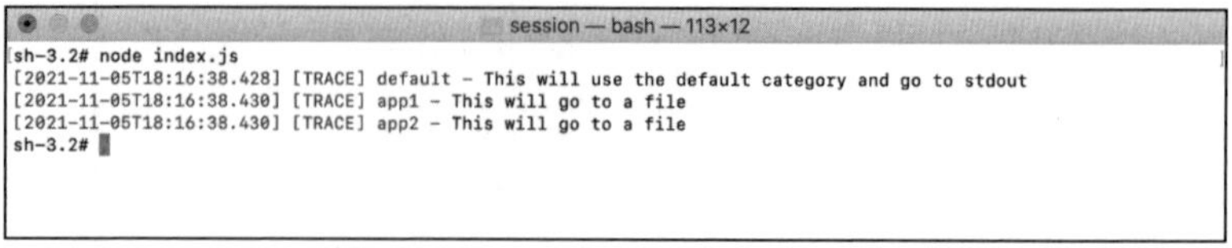

图 4-43 app1 和 app2 日志分类输出

通过 getLogger() 方法传入对应的模块名，即可对日志进行模块分类。如果日志一直在控制台展示，对于线上服务就太不友好了。在实际业务场景中，线上项目都是单独部署在线上服务器的，开发人员一般是没有权限的，这个时候日志分类落盘就很重要了。把相关的日志写到文件里，再将文件通过各种方式同步到开发人员手中，这样查看日志就方便多了。接下来，我们把 app1 的日志落到 application1.log 文件中，把 app2 的日志落到 application2.log 文件中，代码如下。

```
const log4js = require('log4js');
log4js.configure({
  appenders: {
    out: { type: 'stdout' },
    app1: { type: 'file', filename: 'application1.log' },
    app2: { type: 'file', filename: 'application2.log' }
  },
  categories: {
    default: { appenders: [ 'out' ], level: 'trace' },
    app1: { appenders: ['app1'], level: 'trace' },
    app2: { appenders: ['app2'], level: 'info' }
  }
});

const logger = log4js.getLogger();
logger.trace('This will use the default category and go
to stdout');

const app1Log = log4js.getLogger('app1');
app1Log.trace('This will go to a file');
```

```
const app2Log = log4js.getLogger('app2');
app2Log.info('This will go to a file');
```

执行代码后，发现在同级目录下会创建 application1.log 和 application2.log 两个日志文件，并且 app1 和 app2 的日志会落到对应的日志文件里。

4.5.4　日志分割

日志分割在实际项目中也是经常遇到的。因为在业务场景比较复杂的情况下，需要按照不同纬度对日志进行分割，分割的标准有很多，比如类别、日期等，日志分割需要按照业务的实际场景进行。一般情况下，日志是通过日期来进行分割的，因为按照日期查看日志能够缩小日志范围。举个例子，昨天晚上 11 点发生了一次线上故障，那么只查看昨天晚上 11 点的 error 日志就可以了，这样会极大地减少查看日志的时间。

按照日期分割也比较简单，我们看一个实例，代码如下。

```
const log4js = require('log4js');
log4js.configure({
  appenders: {
    app: {
      type: 'dateFile',
      filename: 'application',
      alwaysIncludePattern: true,
      pattern: 'yyyy-MM-dd-hh.log'
    }
  },
  categories: {
    default: { appenders: [ 'app' ], level: 'trace' },
    app: { appenders: ['app'], level: 'trace' },
  }
});

const appLog = log4js.getLogger('app');
appLog.trace('This will go to a file');
```

运行代码后，可以看到生成了一个名为 application. 2021-09-28-16.log 的文件，日期是执行程序的时间。按照日期分割日志就是在设置日志类型时，将 type 设置为 dateFile，这样落到磁盘的日志就是按照日期进行分类的。具体 dateFile 相关的 API 参数，读者可参考官方文档 https://github.com/log4js-node/log4js-node/blob/master/docs/dateFile.md 进行了解。

4.6 本章小结

本章主要针对一些具体的业务场景，通过代码对 Koa 的高级应用进行了讲解。学习 Koa 是为了解决实际的业务问题。学习本章的内容后，相信读者对 Koa 在业务场景中的使用有了一个全新的认识。另外，本章的内容也是为第 5 章做铺垫。

Koa 实战

如果读者想全面、扎实地掌握 Koa 的使用方法，笔者以亲身经历告诉你，从 0 到 1 写一个企业级 BFF 框架是一条非常有效的途径。本章将介绍如何从 0 到 1 搭建一个企业级 BFF 框架，在搭建的过程中，可能会遇到各种各样的问题，笔者也会给出具体的解决方案。这部分内容非常重要，涉及架构相关的知识。如果你能够掌握这些内容，那么 Koa 涉及的大多数问题，你都可以轻松解决。

第 5 章

搭建一个企业级 BFF 框架

在开源社区中，有很多优秀的企业级 BFF 框架，比如 Egg、Nest 等。这些 BFF 框架比较成熟，如果读者在公司做 Node 服务，可以直接使用这些 BFF 框架。本章将带领读者搭建一个企业级 BFF 框架，通过解决不同业务场景的问题，让读者能够更好地掌握 Koa 的相关知识。

学好 Koa 最主要的目的是将其运用在工作中。如果你可以基于 Koa 独立完成一款企业级 BFF 框架，为公司业务提供服务，那么说明你的架构能力以及对 Koa、Node 的驾驭能力非常不错了。

5.1　搭建 BFF 框架的好处

独立完成一款 BFF 框架，对于个人成长有很大帮助。一方面，针对 Node 服务中的各种业务场景，你解决问题的能力会有所提高。另一方面，在技术成长以及技术影响力方面也会有很大收获。这里以笔者为例，简述能够独立搭建一个 BFF 框架能带来什么样的好处。

5.1.1　技术成长

笔者之前在一家互联网公司任职，其间主要负责搭建一个 BFF 框架。当年在接手这个项目的时候，笔者对 Node 中间层中的很多技术都不太了解，对具体的业务场景也不熟悉，起步很吃力。当然，主要原因还是当时的全栈能力很弱。

在后面的工作中，笔者不断学习，不断尝试，不断帮助业务方解决问题，半年后，发现自己的 Node 能力有了很大提升。再往后，笔者开始探索 Node 底层内容，研究 v8 和 libuv 的源码，接着写了一个对 Node 进程进行多维度监控的工具。在一次帮助业务方排查问题的时候，困扰了他们一天的问题，笔者 5 分钟就解决了，这就是技术能力提升的体现。

5.1.2　个人影响力

个人影响力主要来自社区的影响力，参考 Egg、Nest 等社区，如果你是 Egg 的贡献者，那么无疑在找工作的时候，会有很多大公司愿意选择你。如果你独立写了一个 BFF 框架，并且使用的人越来越多，后续也能够成为像 Egg、Nest 这样的明星框架，那么会给你的职业生涯添光加彩，带来很多不错的工作机会。虽然自己写了一个 BFF 框架，但在社区没有什么影响力，这也不要紧，只要你面试的时候，表明你有这样的经历或者作品，也会让面试官对你有较高评价，因为写好一个 BFF 框架不是一件容易的事情。

5.2　搭建完整框架

万丈高楼平地起，搭建框架也一样，需要从搭建项目起步。从整体功能角度分析，可以通过以下几个方面进行考虑。

❑ 需要一个框架工程，该工程装载着整个框架的核心逻辑实现。

❑ 需要一个调试工程，在本地开发框架核心逻辑的时候，需要边调边写，这样会更加方便一些。

❑ 需要一个测试工程，在写完核心逻辑后，需要写一些测试用例来保证功能的正确性，方便以后在框架升级或者迭代后，依然保证框架的功能正确性。

除了以上几个方面的考虑，还应该考虑如何写好 Readme 文件、框架升级如何记录等工程规范相关的问题，本节将详细介绍如何搭建 BFF 框架。

5.2.1 主工程搭建

为了后续方便称呼，笔者给框架起了一个名字，叫 diudiu。

首先，使用 npm init 命令初始化一个工程。package.json 文件如下。

```
{
  "name": "diudiu",
  "version": "1.0.0",
  "description": "this is a bff frame",
  "main": "index.js",
  "scripts": {
    "test": "echo \"Error: no test specified\" && exit 1"
  },
  "author": "liujianghong",
  "license": "ISC"
}
```

然后在主工程中创建各个子工程，比如框架核心工程、example 工程等。目前主工程只有一个 pacakge.json 文件，如图 5-1 所示。

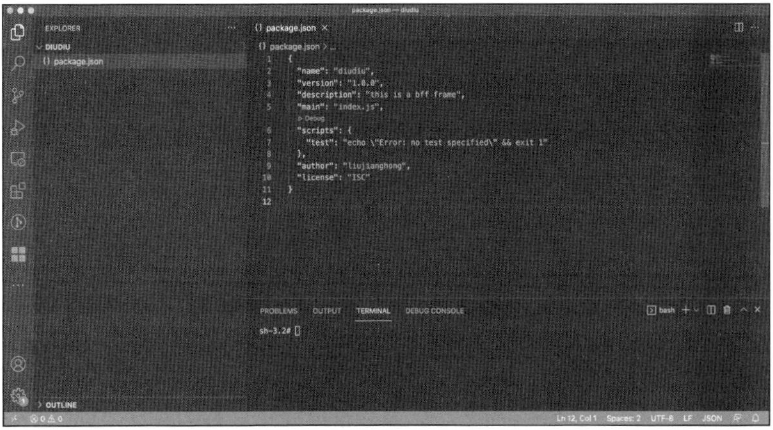

图 5-1　主工程初始化

5.2.2　框架核心工程

将框架核心工程命名为 lib，该工程的初始化也需要 npm init 命令来实现。生成的 package.json 项目描述文件，内容如下。

```
{
  "name": "diudiu-core",
  "version": "0.0.1",
  "description": "diudiu core",
  "main": "./dist/core/index.js",
  "scripts": {
    "build": "rm -rf ./dist && npx tsc"
  },
  "author": "liujianghong",
  "license": "ISC"
}
```

main 字段描述的是依赖入口，如果项目依赖 diudiu-core，则会查找对应的文件。通过 build 命令构建 diudiu-core，操作为先删除 dist 目录，防止由缓存导致一些未知问题，然后进行编译。因为项目会使用 TypeScript 进行编码，所以使用 tsc 进行编译。

接下来创建以下文件夹或者文件，项目整体目录如图 5-2 所示。

- ❑ core：装载框架的核心逻辑实现。
- ❑ .gitignore：git 提交时忽略的文件或者文件夹。
- ❑ CHANGELOG.md：diudiu-core 版本记录日志。
- ❑ index.d.ts：ts 类型定义文件。
- ❑ README.md：diudiu-core 介绍。
- ❑ tsconfig.json：ts 配置文件。

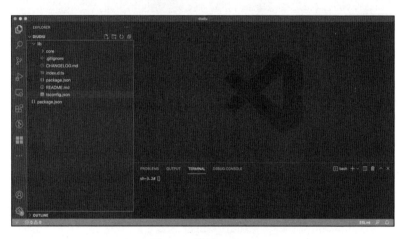

图 5-2　核心工程 lib

5.2.3　example 工程

example 工程相当于调试工程，需要本地引用 diudiu-core 来模拟实际业务项目引用 diudiu-core 的具体场景。首先，使用 npm init 命令创建一个空工程。生成的 package.json 文件如下。

```
{
  "name": "diudiu-example",
  "version": "1.0.0",
```

```
"description": "diudiu example",
"main": "index.js",
"scripts": {
    "test": "echo \"Error: no test specified\" && exit 1"
},
"author": "liujianghong",
"license": "ISC"
}
```

接下来创建以下文件或者文件夹，整体工程目录如图 5-3 所示。

- ❏ config：用于不同环境的各种配置。
- ❏ controller：文件路由对应的各种控制器。
- ❏ log：存储各种类型的日志。
- ❏ middleware：用户自定义中间件。
- ❏ routers：处理 koa-router 中间件路由。
- ❏ static：存放静态文件，在静态服务器中访问。
- ❏ view：存放各类模板，比如 ejs、pug 等。
- ❏ app.ts：工程入口。
- ❏ tsconfig.json：ts 的配置文件。

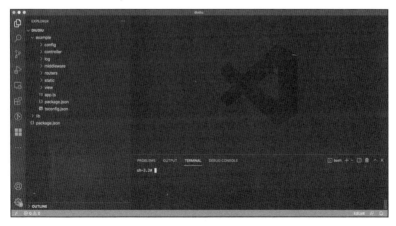

图 5-3　example 整体工程目录

5.2.4　本地开发调试

目录创建好后，接下来进行本地开发。本地调试开发需要用到一个管理工具 lerna。该工具主要用于管理多个软件包（package）。具体使用方法可参考其官网 https://www.lernajs.cn/ 进行了解。在主工程中使用 npm i lerna 命令进行依赖安装后，新建 lerna.json 配置文件，内容如下。

```
{
  "packages": [
    "lib",
    "example"
  ],
  "version": "0.0.0"
}
```

还需要安装一个用于监控文件变化，能够自动重启服务端的工具 nodemon。通过 npm I -D nodemon 命令安装依赖。具体使用方法可参考官网 https://github.com/remy/nodemon。安装完成后，需要在主工程的 package.json 文件中进行命名配置，包括启动服务和工程连接，如图 5-4 所示。

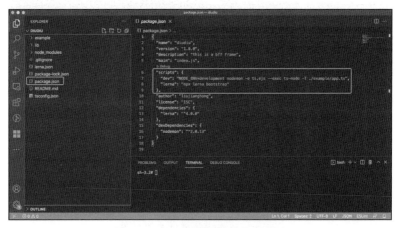

图 5-4　主工程增加相关命令配置

接下来，为了测试工程是否能够正常启动与运行，需要增加一些测试代码加以验证。在 lib/core 下创建 index.ts 文件，导出一个简单的函数，代码如下。

```
// lib/core/index.ts
export default async function Diudiu() {
  console.log('this is diudiu-core');
}
```

在 example/app.ts 文件中引入 diudiu-core 依赖，代码如下。

```
// example/app.ts
import Diudiu from 'diudiu-core/core';

const app = Diudiu();
```

首先在 example 目录下安装 diudiu-core 依赖，接着回到主工程序根目录下执行 npm run lerna 命令，进行依赖连接，再执行 npm run dev 命令即可启动工程，效果如图 5-5 所示。

图 5-5　工程启动

改动 lib 或者 example 文件夹下的文件内容后，保存当前文件时，nodemon 会自动重启 Server，保证执行结果为最新。至此，整个基础工程的链路基本打通，接下来就可以专注功能实现了。

5.3　环境区分

在整个项目流程中，进行本地开发时，环境变量为 development 模式；项目开发完成后，需要把项目部署到测试环境，环境变量为 test 模式；测试完成后，项目上线就需要部署到线上环境，环境变量为 production 模式。需要对环境进行区分，针对不同环境需要进行不同的配置。

5.3.1　环境配置

在 example 工程中的 config 目录下存放了各种环境的配置，命名方式为" config+ 环境变量"。其中有一个基础的配置文件存放着公共配置，其他环境配置文件存放独立配置，如图 5-6 所示。每个配置文件需要导出一个函数，并返回整个配置对象。

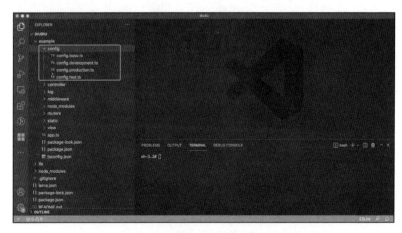

图 5-6　各类环境的配置文件

配置文件的写法大致相同，代码如下。

```
export default app => {
  return {
    // 环境配置


  }
}
```

5.3.2 整合配置

一般 config.base.ts 文件会设置一些通用配置，其他的配置文件都会设置一些和环境有关的配置。整合配置大体思路：先获取对应环境的配置，然后合并基础配置，得到的结果为当前环境的所有配置。逻辑实现代码如下。

```
// lib/core/index.ts
import Koa from 'koa';
import path from 'path';
import { deepMerge } from './utils'
import { App } from './types';

type Params = {
  appPath: string;
}

export default async function Diudiu(params: Params) {
  const app: App = (new Koa()) as App;
  const { appPath } = params;
  app.appPath = appPath;

  // 获取所有的 config
  const env = process.env.NODE_ENV;
  const extName = app.extName = env === 'development' ?
    '.ts' : '.js';
  const baseConfig = await import(path.join(appPath,
    `config/config.base${extName}`))
  const curConfig = await import(path.join(appPath,
    `config/config.${env}${extName}`));
```

```
    app.config = deepMerge(baseConfig.default(app),
      curConfig.default(app));
  };
```

具体的合并（merge）操作是通过 lodash 的库函数 mergeWith
实现的，代码如下。

```
// lib/core/utils/tools.ts
import _ from 'lodash';
function customizer(objValue: any, srcValue: any) {
  if (_.isObject(objValue)) {
    return srcValue;
  }
}
// 深度合并
export const deepMerge = (target, source) => {
  const assgin = Object.assign({}, _.mergeWith(target,
    source, customizer));
  return assgin;
}
```

深度合并的效果是两个对象只要对应的键值相同，在进行合
并操作的时候就可以直接替换，不存在合并的情况。

至此，环境相关的逻辑基本实现。

5.4 服务启动模块

对于 BFF 框架来说，要实时接收 HTTP 请求，那么就必然需
要保持服务一直运行。本节主要介绍在这个 BFF 框架中，服务启
动模块该如何实现。

5.4.1 hooks 设计

首先在 core 文件夹下创建一个 hooks 目录，该目录主要存放
框架中各类独立模块的实现。因为服务启动就是一个独立模块，所

以可以放在 hooks 里实现，hooks 目录结构如图 5-7 所示。

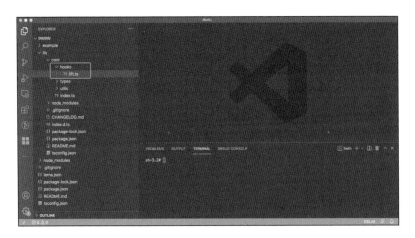

图 5-7　hooks 目录

在框架的入口文件中，需要同步读取 hooks 目录下的所有模块，依次执行对应的逻辑，即可一次性加载所有功能。入口文件的实现逻辑代码如下。

```
// lib/core/index.ts
import Koa from 'koa';
import path from 'path';
import { getHooks, deepMerge } from './utils'
import { Hook, App } from './types';
const hooks = [ 'lift' ];

type Params = {
  appPath: string;
}

export default async function Diudiu(params: Params) {
  const app: App = (new Koa()) as App;
  const { appPath } = params;
  app.appPath = appPath;

  // 获取所有的 config
```

```
const env = process.env.NODE_ENV;
const extName = app.extName = env === 'development' ?
  '.ts' : '.js';
const baseConfig = await import(path.join(appPath,
  `config/config.base${extName}`))
const curConfig = await import(path.join(appPath,
  `config/config.${env}${extName}`));
app.config = deepMerge(baseConfig.default(app),
  curConfig.default(app));

// 获取所有 hooks 逻辑
const allHooks: Hook[] = await getHooks(hooks);
for ( const hook of allHooks ) {
  try {
    await hook.default(app);
  } catch (error) {
    // TODO：后续章节会进行处理
  }
}

// 错误捕获
app.on("error", error => {
});
};
```

利用一个数组 hooks 存放所有的独立模块，数组中的元素为 hooks 下所有模块文件的名称，获取所有的 hooks 后，循环执行对应模块的代码。获取 hooks 功能的代码如下。

```
// lib/core/utils/get-hooks.ts
import path from 'path';
export const getHooks = async (hooks: string[]) => {
  const len = hooks.length;
  const result: any[] = [];
  for (let i = 0;i < len;i++) {
    const hook = await import(path.join(__dirname, "../
      hooks", hooks[i]));
    result.push(hook);
  }
  return result;
}
```

实现思路比较简单，就是通过 path 模块找到 hooks 目录，导入对应的模块，按照顺序依次放入一个数组。

5.4.2　服务配置

在 lib/core/index.ts 文件的逻辑中是可以读取对应环境配置的，本地开发的环境变量为 development，那么服务的配置可以写在 config.development.ts 文件中，比如可以设置服务启动端口，代码如下。

```
// example/config/config.development.ts
export default app => {
  return {
    // 开发环境配置
    devServer: {
      port: 8888
    }
  }
}
```

5.4.3　服务启动模块实现

接下来就是服务启动模块的实现了，由于本章介绍的 BFF 框架是基于 Koa 实现的，因此通过 Koa 自带的服务启动功能就能实现。为了体现专业性，在服务启动后打印一个 logo。lift 逻辑代码如下。

```
export default async (app) => {
  const port = app.config.devServer.port;
  app.listen(port, () => {
    prointLogo()
    log(`Server port ${c.cyan}${port}${c.end}`)
    log(`Server lifted in ${c.cyan}${app.appPath}${c.end}`)
    app.redisConMsg && log(app.redisConMsg)
    app.mysqlConMsg && log(app.mysqlConMsg)
    app.esConMsg && log(app.esConMsg)
    log('To shut down, press <CTRL> + C at any time.\n')
  })
```

```
}

const log = message => process.stdout.write(message + '\
n')
const c = { cyan: '\x1b[36m', red: '\x1b[31m', end: '\
x1b[39m' }
const prointLogo = () => log(`${c.cyan}
 _ _ _ _      _ _ _ _          _              _
| |   | |    |__     __|      | |            | |
| |   | |       | |          | |            | |
| |   | |      __| |__       | |_ _ _ _|_|
| | / /        |_ _ _ _|      |_ _ _ _ _|
${c.end}`)
```

在控制台输出日志时，使用了 process.stdout.write 方法，这个方法是标准输出，具有同步性。

 提示 console.log 和 process.stdout.write 的 区 别 是 console.log 在 Node 中是异步的，而 process.stdout.write 是同步的。

在主工程根目录下，执行 npm run dev 命令启动服务，即可看到 lift 模块的执行结果，效果如图 5-8 所示。

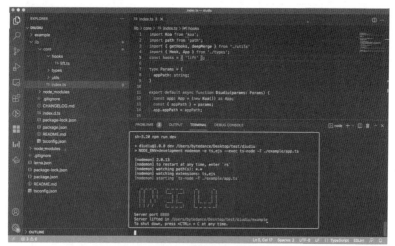

图 5-8 启动服务

5.5　路由模块

因为前端和 BFF 框架的通信多数为 HTTP 请求，所以路由在 BFF 框架中是必备功能。当 BFF 框架接收到请求时，根据请求路径、请求方法等做出相应的处理。本节将介绍两种路由模式：一种是文件路由，即通过文件路径来匹配不同的请求路由，做出相应的逻辑处理；另一种是传统路由模式，即通过 koa-router 中间件来实现路由功能。

5.5.1　路由模式配置

在 config.development.ts 中进行路由配置，用户可通过配置进行路由选择，BFF 框架支持 file 类型和 koa-router 类型的参数，配置代码如下。

```
export default app => {
  return {
    // 开发环境配置
    devServer: {
      port: 8888
    },

    // 路由类型 file | koa-router
    router: 'file'
  }
}
```

5.5.2　文件路由

路由也是一个相对独立的模块，需要挂载到 hooks 中。首先，在 hooks 目录下创建 router.ts 文件，主要实现加载路由的逻辑，然后在 lib/core/index.ts 文件中的 hooks 数组注册路由。注册路由的代码如下。

```
// lib/core/index.ts
const hooks = [ 'router', 'lift' ];
```

注册路由后，重启服务，读取路由模块的相关逻辑。文件路由的整体实现逻辑为通过读取 example/controller 文件夹下的文件路径，对请求路径和方法进行配对，如果配对成功，则执行对应的逻辑。核心逻辑代码如下。

```
// lib/core/hooks/router.ts
import glob from 'glob';
import path from 'path';
import compose from 'koa-compose';

export default async (app) => {
  const { router } = app.config;
  const filesList = glob.sync(path.resolve(app.appPath, './
    controller', `**/*${app.extName}`))

  // 如果是文件路由类型
  if (router === 'file') {
    // 文件路由映射表
    let routerMap = {}
    for (let item of filesList) {
      // 获取解构方式，导出对象中的 method 属性和 handler 属性
      const controller = await import(item);
      const { method, handler } = controller.default;

      // 获取和 actions 目录的相对路径，例如: goods/getInfo.js
      const relative = path.relative(`${app.appPath}/
        controller/`, item)

      // 获取文件后缀 .js
      const extname = path.extname(item)
      // 剔除文件后缀 .js，并在前面加一个 "/"，例如: /goods/
        getInfo
      const fileRouter = '/' + relative.split(extname)[0]
      // 连接 method，形成唯一请求，例如：_GET_/goods/
        getInfo
      const key = '_' + method + '_' + fileRouter
      // 保存在路由表里
      routerMap[key] = handler
```

```
  }

  app.use(async (ctx, next) => {
    const { path, method } = ctx
    // 构建和文件路由匹配的形式：_GET_ 路由
    const key = '_' + method + '_' + path

    // 如果匹配到，就执行对应到 handler
    if (routerMap[key]) {
      await routerMap[key](ctx)
    } else {
      ctx.body = 'no this router'
    }
    return next()
  })
}

}
```

为了测试文件路由模块的功能，在 example 工程中的 controller 目录下创建两个对应文件路由，如图 5-9 所示。

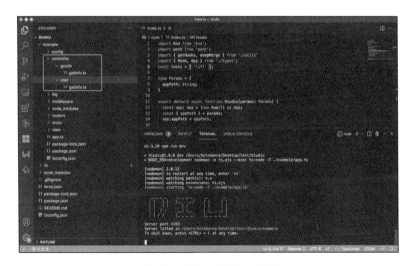

图 5-9　两个文件路由测试

以 user/getinfo.ts 为例，如果请求路径为 user/getinfo，则会执行对应的 handler 方法，并返回处理结果，具体逻辑代码如下。

```
// example/controller/user/getinfo.ts
export default {
  method: 'GET',
  handler: async (ctx) => {
    ctx.body = 'my name is liujianghong';
  }
}
```

打开浏览器，请求 http://127.0.0.1:8888/user/getinfo，即可看到成功返回相应结果，如图 5-10 所示。

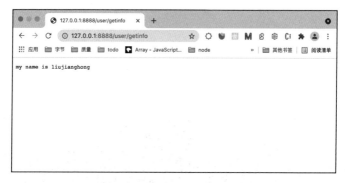

图 5-10　文件路由成功返回结果

5.5.3　koa-router 路由

koa-router 路由主要通过 koa-router 中间件实现，用户可以在 example 工程中的 routers 文件夹下创建不同的路由文件，BFF 框架中的路由模块通过 koa-compose 对所有的路由中间件进行整合，即可实现路由功能。路由逻辑还需要整合到 hooks 下的 router 逻辑中，实现代码如下。

```
// lib/hooks/router.ts
else if (router === 'koa-router') { // koa-router 类型
```

```
const routerFiles = glob.sync(path.resolve(app.appPath,
  './routers', `**/*${app.extName}`));
const registerRouter = async () => {
  let routers: any[] = [];
  for (let file of routerFiles) {
    const router = await import(file);
    routers.push(router.default.routes());
  }
  return compose(routers)
}
app.use(await registerRouter())
}
```

在 example 工程的配置文件中，可将路由类型设置为 koa-router，代码如下。

```
// example/config/config.development.ts
export default app => {
  return {
    // 开发环境配置
    devServer: {
      port: 8888
    },

    // 路由类型 file | koa-router
    router: 'koa-router'
  }
}
```

为了方便测试 koa-router 的功能，需要在 example 工程的 routers 目录下新建两个测试文件，如图 5-11 所示。

实现功能和文件路由类似，当匹配到请求时，返回相应结果，user.ts 逻辑代码如下。

```
// example/routers/user.ts
import Router from 'koa-router';
const router = new Router()
router.prefix('/user')
router.get('/getinfo', (ctx, next)=>{
  ctx.body = "my name is liujianghong."
})
export default router;
```

图 5-11　koa-router 路由测试文件

在浏览器输入 http://127.0.0.1:8888/user/getinfo，可以看到成功返回结果，如图 5-12 所示。

图 5-12　koa-router 路由成功返回结果

5.6 静态服务器模块

关于静态服务器的原理在 2.3 节已经介绍过了，本节讲解如何将静态服务器模块整合到 BFF 框架中。

首先需要在 hooks 中注册静态服务器模块。在 hooks 目录下实现静态服务器逻辑，然后在入口文件的 hooks 数组中增加 static 字段，如图 5-13 所示。

图 5-13 注册静态服务器

静态服务器的核心实现还是直接使用 koa-static 中间件，代码如下。

```
// lib/core/hooks/static.ts
import koaStatic from 'koa-static';
import path from 'path';

export default async (app) => {
  const staticConfig = app.config.static;
  app.use(koaStatic(path.join(app.appPath, './static'),
    staticConfig))
}
```

重启服务后，在浏览器输入根路径即可看到静态页面，效果
如图 5-15 所示。

图 5-15　静态服务器效果

5.7　cors 模块

虽然浏览器出于安全考虑，会限制不同域的资源请求，但是
在实际场景中，很多情况下都需要跨域，对于一款企业级的 BFF
框架来说，解决跨域问题是必备能力。

关于 cors 的基础知识，读者可以回到 2.8 节进行了解，也可以
查看 cors 在 MDN 上的说明文档，网址为 https://developer.mozilla.
org/zh-CN/docs/Web/HTTP/CORS。

5.7.1　跨域现象

首先演示一下跨域现象。现在有一个端口号为 4000 的服务
器，运行着一个静态页面，该页面上有一个按钮，点击可向 BFF
框架发送 HTTP 请求，由于 BFF 框架本地服务端口号为 8888，因
此肯定存在跨域现象。静态页面代码如下。

```
<!DOCTYPE html>
<html>
<head>
  <meta charset="UTF-8">
  <title>index</title>
</head>
<body>
  <button onclick="getinfo()">请求 user/getinfo 接口</button>
</body>
<script>
  function getinfo() {
    fetch('http://127.0.0.1:8888/user/getinfo').then(stream =>
      stream.text()
    ).then(res => {
      console.log(res)
    })
  }
</script>
</html>
```

如果 BFF 框架不做任何操作，在浏览器上点击"请求 user/getinfo 接口"按钮，可以看到控制台报错，打印了一些不允许跨域的日志，如图 5-16 所示。

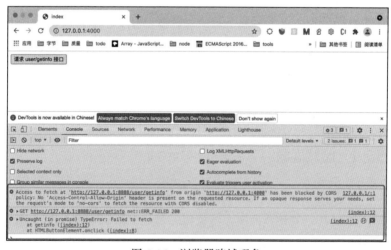

图 5-16　浏览器跨域现象

5.7.2　cors 相关配置

在请求跨域时，会有一次客户端和服务端的协商处理，第一次跨域请求返回的状态码是 204。在协商过程中，可以对一些头（header）属性进行校验。

- ❑ Origin：首部字段表明预检请求或实际请求的源站。
- ❑ Access-Control-Request-Method：首部字段用于预检请求，其作用是将实际请求所使用的 HTTP 方法告诉服务器。
- ❑ Access-Control-Request-Headers：首部字段用于预检请求，其作用是将实际请求所携带的首部字段告诉服务器。

还有一些响应 header 的设置如下。

- ❑ Access-Control-Allow-Origin：对于不需要携带身份凭证的请求，服务器可以指定哪些域可以请求。例如，Access-Control-Allow-Origin: https://koajs.com/ 表示只允许来自 https://koajs.com/ 的请求。如果服务端指定了具体的域名而非"*"，那么响应首部中的 Vary 字段的值必须包含 Origin，这将告诉客户端，服务器对不同的源站返回不同的内容。
- ❑ Access-Control-Expose-Headers：在跨源访问时，XMLHttp-Request 对象的 getResponseHeader() 方法只能得到一些最基本的响应头，如 Cache-Control、Content-Language、Content-Type、Expires、Last-Modified、Pragma。如果要访问其他头，则需要服务器设置本响应头，例如 Access-Control-Expose-Headers: X-My-Custom-Header, X-Another-Custom-Header，这样浏览器就能够通过 getResponseHeader 访问 X-My-Custom-Header 和 X-Another-Custom-Header 响应头了。
- ❑ Access-Control-Max-Age：指定了 preflight 请求的结果能够被缓存多久。

❑ Access-Control-Allow-Credentials：指定了当浏览器的 credentials 设置为 true 时，是否允许浏览器读取 response 的内容。这个参数表示在预请求（preflight）中，是否可以使用 credentials 字段。请注意，简单 GET 请求不会被预检，如果对此类请求的响应中不包含该字段，这个响应将被忽略，并且浏览器也不会将相应内容返回给网页。

❑ Access-Control-Allow-Methods：首部字段用于预检请求的响应，指明了实际请求所允许使用的 HTTP 方法。

❑ Access-Control-Allow-Headers：首部字段用于预检请求的响应，指明了实际请求中允许携带的首部字段。

相关响应头可以在 config.development.ts 中进行配置，代码如下。

```
// example/config/config.development.ts
export default app => {
  return {

    // cors 配置
    cors: {
      origin: 'http://127.0.0.1:4000',
      maxAge: 0
    },
  }
}
```

5.7.3 cors 核心实现

和其他的 hooks 实现一样，首先注册 cors 模块，注册后实现相关逻辑，关于 5.7.2 节中提到的所有响应头的设置，BFF 框架都应该支持，代码如下。

```
// lib/core/hooks/cors.ts
import vary from 'vary';
export default async (app) => {
  const corsConfig = app.config.cors;
```

```
// 如果没有配置，默认不可以跨域
if(!corsConfig) return;
const cors = (options) => {
  const defaults = {
    allowMethods: 'GET,HEAD,PUT,POST,DELETE,PATCH',
  };

  options = {
    ...defaults,
    ...options,
  };

  if (Array.isArray(options.exposeHeaders)) {
    options.exposeHeaders = options.exposeHeaders.join(',');
  }

  if (Array.isArray(options.allowMethods)) {
    options.allowMethods = options.allowMethods.join(',');
  }

  if (Array.isArray(options.allowHeaders)) {
    options.allowHeaders = options.allowHeaders.join(',');
  }

  if (options.maxAge) {
    options.maxAge = String(options.maxAge);
  }

  options.keepHeadersOnError = options.keepHeadersOnError
    === undefined || !!options.keepHeadersOnError;

  return async function cors(ctx, next) {

    const requestOrigin = ctx.get('Origin');
    ctx.vary('Origin');

    if (!requestOrigin) return await next();

    let origin;
    if (typeof options.origin === 'function') {
      origin = options.origin(ctx);
      if (origin instanceof Promise) origin = await origin;
      if (!origin) return await next();
```

```
  } else {
    origin = options.origin || requestOrigin;
  }

  let credentials;
  if (typeof options.credentials === 'function') {
    credentials = options.credentials(ctx);
    if (credentials instanceof Promise) credentials =
      await credentials;
  } else {
    credentials = !!options.credentials;
  }

  const headersSet = {};

  function set(key, value) {
    ctx.set(key, value);
    headersSet[key] = value;
  }

  if (ctx.method !== 'OPTIONS') {
    set('Access-Control-Allow-Origin', origin);

    if (credentials === true) {
      set('Access-Control-Allow-Credentials', 'true');
    }

    if (options.exposeHeaders) {
      set('Access-Control-Expose-Headers', options.
        exposeHeaders);
    }

    if (!options.keepHeadersOnError) {
      return await next();
    }
    try {
      return await next();
    } catch (err) {
      const errHeadersSet = err.headers || {};
      const varyWithOrigin = vary.append(errHeadersSet.
        vary || errHeadersSet.Vary || '', 'Origin');
      delete errHeadersSet.Vary;
```

```
    err.headers = {
      ...errHeadersSet,
      ...headersSet,
      ...{ vary: varyWithOrigin },
    };
    throw err;
  }
} else {

  if (!ctx.get('Access-Control-Request-Method')) {
    return await next();
  }

  ctx.set('Access-Control-Allow-Origin', origin);

  if (credentials === true) {
    ctx.set('Access-Control-Allow-Credentials', 'true');
  }

  if (options.maxAge) {
    ctx.set('Access-Control-Max-Age', options.maxAge);
  }

  if (options.allowMethods) {
    ctx.set('Access-Control-Allow-Methods',
      options.allowMethods);
  }

  let allowHeaders = options.allowHeaders;
  if (!allowHeaders) {
    allowHeaders = ctx.get('Access-Control-Request-
      Headers');
  }
  if (allowHeaders) {
    ctx.set('Access-Control-Allow-Headers',
      allowHeaders);
  }

  ctx.status = 204;
}
};
};
app.use(cors(corsConfig))
}
```

cros 相关配置如 5.7.2 节所述，再次执行 5.7.1 节中的实例代码可以看到，请求能够正常返回结果了，效果如图 5-17 所示。

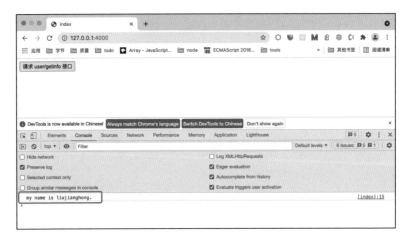

图 5-17   cors 设置后正常返回结果

5.8   自定义中间件

hooks 中的一些模块已经内置了一些开源的中间件，比如 koa-router、koa-static 等。本节介绍如何自定义中间件。

5.8.1   中间件加载顺序

在第 3 章中，我们讲解了 Koa 源码，中间件也是存储在数组中的，因为中间件按照数组顺序执行，所以加载中间件是有顺序的，如果顺序不对，可能会出现一些未知错误。

用户自定义的中间件也是有顺序的，如何保证自定义中间件按照顺序执行呢？原理和 Koa 源码中的实现一致，也需要用一个数组进行存储。自定义中间件的配置依然需要写在 config 文件中，代码如下。

```
// example/config/config.development.ts
export default app => {
  return {

    // 自定义中间件
    middlewares: ['two', 'one']
  }
}
```

加载中间件是按照数组从左到右的顺序依次进行的，并且数组中的元素即为自定义中间件的文件名称，如图 5-18 所示。

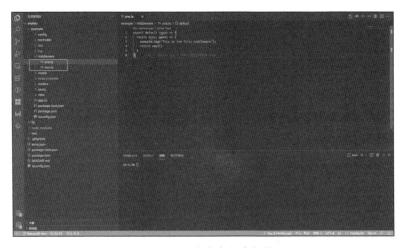

图 5-18　两个自定义中间件

图 5-18 中可以看到两个自定义中间件，一个为 one，另一个为 two，在执行时会输出两个字符串，分别为 This is the first middleware 和 This is the second middleware。

5.8.2　加载自定义中间件

自定义中间件的配置已经完成，接下来需要依据配置加载自定义中间件。首先在 hooks 中注册加载模块，然后实现加载逻辑。我们规定自定义中间件必须要放在 example/middleware 目录下，那么只需要按照配置读取该目录下的自定义中间件即可，实现代码如下。

```
// lib/core/hooks/custom-middlewares.ts
import path from 'path';

export default async (app) => {
  const { middlewares } = app.config;

  // 按照 middleWares 数组的顺序加载中间件
  for (let m of middlewares) {
    const curMiddleWarePath = path.resolve(app.appPath,
      './middleware', `${m}${app.extName}`)
    const curMiddleware = await import(curMiddleWarePath);
    app.use(curMiddleware.default(app))
  }

}
```

请求 user/getinfo 接口，按照中间件配置的顺序，先输出 two 中间件，后输出 one 中间件，效果如图 5-19 所示。

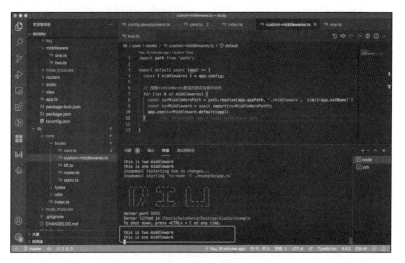

图 5-19　自定义中间按照顺序执行

5.9　登录模块

对于后端接口来说，出于信息安全的考虑，一般都需要鉴权。目前行业通用的鉴权方式是单点登录，单点登录相关的原理在 4.2 节已有介绍。由于每个公司的 SSO 方式不同，因此本节讲解的登录功能是通过 JWT 方式实现的，读者类比理解即可。

5.9.1　鉴权模块实现

一般后端鉴权都是检测请求中的 Cookie，如果请求中没有 Cookie 或者 Cookie 无效，就可以判断这些请求是没有经过鉴权、存在安全隐患的。在 BFF 框架中实现鉴权功能也比较简单，对 Cookie 进行校验即可，使用 JWT 模式，需要用户设置一个 secret，具体配置代码如下。

```
// example/config/config.development.ts
export default app => {
  return {
    // 省略部分代码

    // 登录配置
    login: {
      needLogin: true,       // 接口是否需要鉴权
      secret: 'my_secret'  // JWT 的 secret
    }
  }
}
```

needLogin 表示请求的接口是否需要鉴权，如果设置为 true，则需要鉴权；如果请求没有携带正确的认证信息，将会请求失败。配置完成后，便实现了登录功能，依然需要在 hooks 中注册。之后开始实现登录逻辑，代码如下。

```
// lib/core/hooks/login.ts
import { sign, decode } from 'jsonwebtoken';
```

```
export default async (app) => {
  const loginConfig = app.config.login;
  const { secret } = loginConfig;
  const { cookieOption } = loginConfig;

  if (loginConfig?.needLogin) {
    // 检测是否已经登录
    const checkLogin = (ctx, next) => {

      // 这里默认检测，用户名存在，则通过检测
      const token = ctx.cookies.get('diudiu_token');
      if (!token) {
        // 如果没有token, 则需要进行登录操作
        const jwt = login();
        ctx.cookies.set('diudiu_token', jwt, cookieOption);
        ctx.status = 302;
        ctx.redirect(ctx.url);
      } else {
        const user = decode(token);
        if (user) {
          ctx.user = user;
        }
      }
      return next()
    }

    // 这里对接公司内部 SSO 的 login 策略，此处用 JWT 方式替换
    const login = () => {
      const jwt = sign({ username: 'liujianghong' },
        secret, { expiresIn: '1h' })
      return jwt;
    }
    app.use(checkLogin)
  }
}
```

如果鉴权失败，会调用 login 方法，根据配置中的 secret 生成 JWT，然后把 JWT 添加到 Cookie 中。下次请求将直接对 Cookie 中的 token 进行解析，如果能够正常解析出用户，说明请求有效。可以在 user/getinfo 的 handler 中获取用户信息，代码如下。

```
// example/controller/user/getinfo.ts
```

```
export default {
  method: 'GET',
  handler: async (ctx) => {
    const { username } = ctx.user;
    ctx.body = `welcome ${username}`;
  }
}
```

在浏览器中请求 user/getinfo 接口时，可以看到成功获取用户信息，效果如图 5-20 所示。

图 5-20 登录成功后返回用户信息

5.9.2 Cookie 的配置

鉴权主要是对 Cookie 的校验，而 Cookie 有很多属性可以设置，如 domain 属性、path 属性、samesite 属性等。Koa 自带 Cookie 操作方法，即 ctx.cookies.get 和 ctx.cookies.set。在设置 Cookie 时也可以传入相关属性，具体方式可以参考 config 配置代码。

```
// example/config/config.development.ts
export default app => {
  return {
    // 省略部分代码
```

```
    // 登录配置
    login: {
      needLogin: true,        // 接口是否需要鉴权
      secret: 'my_secret',  // JWT 的 secret
      cookieOption: {
        path: '/user/getinfo',
        domain: 'http://127.0.0.1'
      }
    }
  }
}
```

Login 模块在读取到 cookieOption 后，会透传给 ctx.cookie.set 方法，具体可以传递哪些参数，读者可参考官方文档进行了解，地址为 https://github.com/pillarjs/cookies#cookiesset-name--value---options--。

5.10　制定模板

在一些业务场景中，需要定制通用模板，比如找不到路由时，可以展示一个 404 模板；Server 端出现异常时，可以展示一个 500 模板，这样可以体现出框架的规范性。目前市场上的模板引擎很多，比较常见的是 ejs、pug 等。

5.10.1　加载模板

加载模板的功能可以通过 npm 包 koa-views 实现，具体实现思路和静态服务器类似，都是在规定目录下找对应的模板名。模板加载的 hooks 实现代码如下。

```
// lib/core/hooks/view.ts
import views from 'koa-views';
import path from 'path';
const defaultViewConfig = {
  extension: 'ejs'
```

```
}
export default async (app) => {
  const viewConfig = app.config.view;
  app.use(views(path.join(app.appPath, './view'), Object.
    assign(defaultViewConfig, viewConfig)))
}
```

实现逻辑比较简单，只需要中间件加载对应的模板。

> 📌 提示　koa-views 使用注意事项：在使用 koa-views 时，除了需要安装 koa-views 依赖，还需要安装模板引擎，比如要使用 ejs，就必须安装 ejs 依赖。

我们也可以通过配置项来对模板引擎进行设置，因为在使用 koa-views 的时候，会透传进来相关的配置，所以只需要在 config 中进行配置，代码如下。

```
// example/config/config.development.ts
export default app => {
  return {
    // 省略部分代码

    // koa-view 模板配置
    view: {
      extension: 'ejs'
    }
  }
}
```

5.10.2　自定义模板

在业务场景中，404 和 500 状态码比较常见，这些常见的状态码其实可以通过一些特定模板返回给用户，这样会让用户感受到框架在使用方面比较友好。如果没有匹配到路由，会在页面返回一个字符串 no this router，效果如图 5-21 所示。

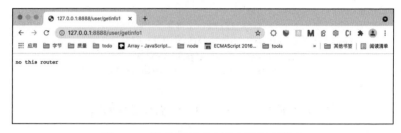

图 5-21　没有找到对应路由返回字符串

上述操作虽然功能上没有问题，但是在交互性上会差一些，如果能用美观的模板展示页面，交互效果会好很多。现在有一个 404 状态码的 ejs 模板，代码如下。

```
// example/view/404.ejs
<style>
html,body {text-align:left;font-size:1em;font-family:
    Courier,monospace;height:100%}
html,body,img,form,textarea,input,fieldset,div,p,div,ul,
    li,ol,dl,dt,dd,
h1,h2,h3,h4,h5,h6,pre,code{margin:0;padding:0}
ul,li{list-style:none}
a{text-decoration:none;font-weight:normal;font-
    family:inherit}
*{box-sizing:border-box}
*:active,*:focus{outline:0;-moz-outline-style:none}
h1,h2,h3,h4,h5,h6,h7{font-weight:normal;font-size:1em}
.clearfix:after{clear:both;content:"";display:block;
    visibility:hidden}
.wrap{min-height:100%;padding:60px 20px 100px;max-width:
    620px;margin:0 auto;}
.footer{margin-top:-40px;height:20px;text-align:
    center;font-size:12px;font-weight:bold}
.footer b{color: #F83F1D}
.wrap h1,.wrap h2,.wrap p{text-align:center}
.wrap h1{font-size:120px;line-height:120px;font-
    weight:bold;color: #5192b9;margin-top: 200px;}
.wrap h2{font-size:30px;line-height:30px;font-
    weight:bold;margin-top:20px}
.wrap p{margin-top:30px;font-size:20px;opacity:0.5;word-
    break:break-word;line-height:150%}
```

```
.wrap pre{margin-top:30px;overflow-x:auto;border:1px
  solid #E5E5E5;padding:20px;border-radius:2px}
</style>
<div class="wrap">
  <h1>404</h1>
  <h2>请求的路由不存在 </h2>
  <p>
    <% if (typeof message !== 'undefined') { %>
    <%= message %>
    <% } else { %>
    The router you were trying to reach doesn't exist.
    <% } %>
  </p>
</div>
```

有了 404 模板，还需要修改一下文件路由的逻辑，代码如下。

```
// lib/core/hooks/router.ts
// 省略部分代码
if (routerMap[key]) {
  await routerMap[key](ctx)
} else {
  await ctx.render('404')
  //  ctx.body = 'no this router'
}
// 省略部分代码
```

如果再次请求不存在的路由，则会直接返回 404 模板，效果
如图 5-22 所示。

图 5-22　返回状态码为 404 的模板

与图 5-21 对比后可以发现，图 5-22 呈现给用户的效果很显然要友好很多。接下来实现一个 500 的模板，如果服务端抛出异常，会返回一个 500 状态码，表示内部错误。假设在请求 user/getinfo 接口时，服务端的处理是抛出异常，并返回 500 模板，则处理请求代码如下。

```
// example/controller/user/getinfo.ts
export default {
  method: 'GET',
  handler: async (ctx) => {
    try {
      throw Error('this is a error')
    } catch (error) {
      await ctx.render('500', {
        error
      })
    }
  }
}
```

在抛出异常时返回 500 模板，把 error 对象传入，500 模板代码如下。

```
// example/view/500.ejs
<style>
html,body {text-align:left;font-size:1em;font-family:
  Courier,monospace;height:100%}
html,body,img,form,textarea,input,fieldset,div,p,div,ul,
  li,ol,dl,dt,dd,
h1,h2,h3,h4,h5,h6,pre,code{margin:0;padding:0}
ul,li{list-style:none}
a{text-decoration:none;font-weight:normal;font-family:
  inherit}
*{box-sizing:border-box}
*:active,*:focus{outline:0;-moz-outline-style:none}
h1,h2,h3,h4,h5,h6,h7{font-weight:normal;font-size:1em}
.clearfix:after{clear:both;content:"";display:block;
  visibility:hidden}
.wrap{min-height:100%;padding:60px 20px 100px;max-width:
  620px;margin:0 auto;}
```

```
.footer{margin-top:-40px;height:20px;text-align:center;
  font-size:12px;font-weight:bold}
.footer b{color: #F83F1D}
.wrap h1,.wrap h2,.wrap p{text-align:center}
.wrap h1{font-size:120px;line-height:120px;font-weight:
  bold;color: #5192b9;margin-top: 200px;}
.wrap h2{font-size:30px;line-height:30px;font-weight:
  bold;margin-top:20px}
.wrap p{margin-top:30px;font-size:20px;opacity:0.5;word-
  break:break-all;line-height:150%}
.wrap pre{margin-top:30px;overflow-x:auto;border:
  1px solid #E5E5E5;padding:20px;border-radius:2px}
</style>
<div class="wrap">
  <h1>500</h1>
  <h2>内部服务器错误 </h2>
  <% if (typeof error !== 'undefined') { %>
  <% if (error.stack && error.stack.indexOf(error.
    toString()) !== 0) { %>
  <pre><%= error.toString().replace(/\x1b\[\d+m/g, '') %>
    </pre>
  <% } %>
  <pre><%= error.stack.replace(/\x1b\[\d+m/g, '') %></pre>
  <% } %>
</div>
```

如果存在 error 对象，则打印错误信息并调用栈。当请求 user/
getinfo 路由时，返回具体错误信息，效果如图 5-23 所示。

图 5-23　返回状态码为 500 的模板

读者在使用时可以编写更多业务通用模板。

5.11 bodyparser 模块

在 post 请求中，很多情况下需要获取 body 传过来的参数，由于 Koa 本身没有提供这样的功能，因此由 BFF 框架提供。由于 Koa 社区提供了相关模块，因此我们直接使用即可。实现逻辑比较简单，代码如下。

```
// lib/core/hooks/bodyparser.ts
import bodyParser from 'koa-bodyparser';
export default async (app) => {
  const bodyparserConfig = app.config.bodyparser;
  app.use(bodyParser(bodyparserConfig));
}
```

相关的配置可以在 example/config 中设置。bodyparser 模块也需要在 hooks 中注册。为了测试功能是否正常，我们在请求对应的 handler 中打印一下 post 请求的 body 参数，代码如下。

```
// example/controller/user/getinfo.ts
export default {
  method: 'POST',
  handler: async (ctx) => {
    console.log(ctx.request.body);
    ctx.body = `my name is liujianghong`;
  }
}
```

我们可以使用 postman 进行测试，如图 5-24 所示。

发起 post 请求后，会看到控制台能够成功打印 body 参数，如图 5-25 所示。

图 5-24 postman 发出 post 请求

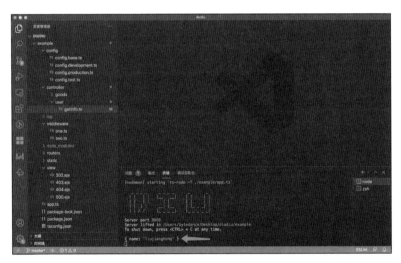

图 5-25 成功打印 body 参数

5.12 Redis 模块

Redis 作为一个高性能存储工具，应用于很多业务场景，比如利用 Redis 的高效特性做一些数据缓存，提升服务性能。让框架集成 Redis 模块，也是非常有必要的。

5.12.1　Redis 配置

一般在公司内部都会有特定部门负责维护公司的 Redis 资源，如果你的项目需要 Redis，就需要提交申请。为了测试方便，笔者在本地开了一个 redis-server。Redis 连接需要的参数不多，在没有设置密码的情况下，只需要 host 和 port 就可以成功连接了。

redis 相关的配置可以在 example/config 中进行设置，以笔者的本地 redis-server 为例，配置代码如下。

```
// example/config/config.development.ts
export default app => {
  return {
    // 省略部分代码
    // ioredis 配置
    redis: {
      port: 6379,
      host: "127.0.0.1",
      password: "",
    }
    // 省略部分代码
  }
}
```

当然，在使用 Redis 之前需要开启 redis-server，在控制台输入命令 redis-server 即可。开启后，可以看到控制台输出如图 5-26 所示的日志。

5.12.2　Redis 对象挂载

框架中 Redis 模块可以使用社区开源的 ioredis 包。在 hooks 中注册 Redis 模块后，就可以实现核心逻辑了，代码如下。

```
// lib/core/hooks/redis.ts
import Redis from 'ioredis';
```

```
export default async (app) => {
  const redisConfig = app.config.redis;
  try {
    const redis = new Redis(redisConfig);
    const c = { cyan: '\x1b[36m', red: '\x1b[31m', end:
      '\x1b[39m' }
    app.redisConMsg = `redis connect success. host:
      ${c.cyan}${redisConfig.host}${c.end}, port: ${c.
      cyan}${redisConfig.port}${c.end}`;
    app.use((ctx, next) => {
      ctx.redis = redis;
      return next();
    })
  } catch (error) {
    // 日志模块相关配置在 5.15 节介绍
    process.emit('error', error);
  }
}
```

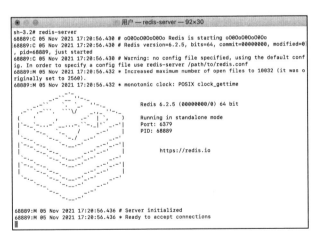

图 5-26　redis-server 启动成功

　　配置读取到本地 redis-server 配置，服务重启后，即可看到控制输出 Redis 连接成功，如图 5-27 所示。

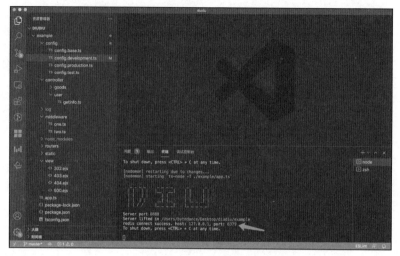

图 5-27　Redis 连接成功

Redis 连接成功的展示逻辑在服务启动模块中，读者可以回到 5.4.3 节查看代码实现。

5.12.3　使用 Redis

在 5.12.2 节的逻辑实现中可以看到，Redis 连接成功后，会把 Redis 对象挂载到 ctx 上，在 handler 中，使用 ctx.redis 属性就可以操作 Redis 了。如果在调用 user/getinfo 接口时，把一个字符串设置到 Redis 中，那么在 handler 中就可以直接操作 Redis 了，代码如下。

```
// example/controller/user/getinfo.ts
export default {
  method: 'GET',
  handler: async (ctx) => {

    // 在 Redis 中存储数据
    await ctx.redis.set(`diudiu:user`, 'liujianghong');
```

```
    ctx.body = `my name is liujianghong`;
  }
}
```

如果利用 postman 或者浏览器调用 /user/getinfo 接口，就会执行 handler 中 Redis 设置的数据操作。在控制台打开 redis-cli 可以进行查询，输入命令 GET diudiu:user，可以查看设置的字符串，效果如图 5-28 所示。

```
● ● ●                        session — redis-cli — 114×15
127.0.0.1:6379> GET diudiu:user
"liujianghong"
127.0.0.1:6379>
```

图 5-28　Redis 获取数据

提示　关于 ioredis 的其他操作，读者可参考官方文档 https://github.com/luin/ioredis。

5.13　MySQL 模块

对于多数业务场景，因为持久化数据存储是必不可少的，所以框架内置数据库模块也是非常有必要的。本章主要以 MySQL 为例，介绍如何内置数据库模块，其他类型的数据库原理一样，读者类比理解即可。

5.13.1　数据库配置

数据库配置和 Redis 配置类似，需要设置 host、user、password

等属性，这些属性需要在 example/config 中设置，代码如下。

```
// example/config/config.development.ts
export default app => {
  return {
    // 省略部分代码
    // MySQL 配置
    mysql: {
      host: 'localhost',
      user: 'root',
      password: '123456',
      database: 'koadb'
    }
    // 省略部分代码
  }
}
```

在 4.3.1 节中已经详细介绍了数据库的操作流程，这里不再赘述。

5.13.2　数据库连接

数据库的客户端依然使用 mysql2 包，具体代码如下。

```
// lib/core/hooks/mysql.ts
import mysql from 'mysql2';
export default async (app) => {
  const mysqlConfig = app.config.mysql;
  try {
    const connection = mysql.createConnection(mysqlConfig);
    connection.connect();
    const c = { cyan: '\x1b[36m', red: '\x1b[31m', end:
      '\x1b[39m' }
    app.mysqlConMsg = `mysql connect success. host: ${c.
      cyan}${mysqlConfig.host}${c.end}`
    app.use((ctx, next) => {
      ctx.mysql = connection;
      return next()
    })
  } catch (error) {
    process.emit('error', error);
  }
}
```

数据库模块依然需要在 hooks 中注册后才可以使用。

5.13.3　数据库操作

在数据库连接成功后，MySQL 对象会挂载到 ctx.mysql 上，就可以通过 ctx.mysql 操作数据库了。当请求 user/getinfo 路由时，向 koadb 数据库中的 tbl_users 表插入一条数据，代码如下。

```
// example/controller/user/getinfo.ts
export default {
  method: 'GET',
  handler: async (ctx) => {

    const sql = `INSERT INTO tbl_users(username,nickname)
      VALUES('liujianghong4',' 刘江虹 4')`;
    ctx.mysql.query(sql, function (error, results,
      fields) {
      if (error) throw error;
      console.log('The results is:', results);
    });

    ctx.body = `my name is liujianghong`;
  }
}
```

在请求 user/getinfo 路由后，插入数据操作完成，tbl_users 表中多了新插入的数据，如图 5-29 所示。

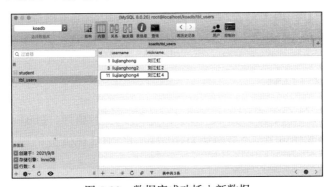

图 5-29　数据库成功插入新数据

5.14　Elasticsearch 模块

虽然 Elasticsearch 只是一个数据存储工具，但是在一些大量数据聚合查询场景下，相较于关系型数据库，它能体现出很多优势，比如查询速度快。尤其对于很多业务项目，需要存储大量的日志，并且需要进行大量的日志分析工作，那么 Elasticsearch 就派上用场了，为此我们把它集成到框架内部。

5.14.1　连接配置

Elasticsearch 的连接配置也需要在 example/config 中设置，与 MySQL、Redis 的配置类似，代码如下。

```
// example/config/config.development.ts
export default app => {
  return {
    // 省略部分代码
    // Elasticsearch 配置
    elasticsearch: {
      host: 'localhost:9200'
    }
  }
}
```

在公司中，使用 Elasticsearch 也是需要申请的，host 就是一个具体的 IP。因为笔者本地启动了一个 Elasticsearch 的服务，所以 host 为 localhost。

5.14.2　挂载

Elasticsearch 的挂载方式与 MySQL 基本相同，Elasticsearch 的客户端使用了一个开源包 elasticsearch，具体代码如下。

```
// lib/core/hooks/elasticsearch.ts
import elasticsearch from 'elasticsearch';
```

```
export default async (app) => {
  const esConfig = app.config.elasticsearch;
  let client = new elasticsearch.Client(esConfig);
  const c = { cyan: '\x1b[36m', red: '\x1b[31m', end: '\
    x1b[39m' };
  try {
    await client.ping({
      requestTimeout: 1000
    })
    app.use((ctx, next) => {
      ctx.elasticsearch = client;
      return next()
    })
    app.esConMsg = `elasticsearch connect success. host:
      ${c.cyan}${esConfig.host}${c.end}`
  } catch (error) {
    process.emit('error', error);
  }
}
```

5.14.3 操作 Elasticsearch

挂载成功后，就可以使用 ctx.elasticsearch 进行数据操作了。比如期望在调用 user/getinfo 接口时，向 Elasticsearch 创建一个新的索引，代码如下。

```
// example/controller/user/getinfo.ts
export default {
  method: 'GET',
  handler: async (ctx) => {

    await ctx.elasticsearch.create({
      index: 'student',
      type: '_doc',
      id: '1',
      body: {
        name: 'liujianghong',
        sex: 'male',
        age: 29
      }
```

```
        })

        ctx.body = `my name is liujianghong`;
    }
}
```

请求成功后，可以打开浏览器中的 Elasticsearch 插件查看结果，如图 5-30 所示。

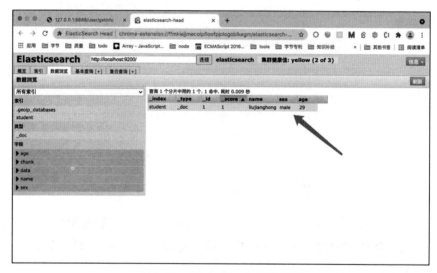

图 5-30　Elasticsearch 新建索引

5.15　日志模块

应用的日志非常重要，当线上服务出现问题时，大多数情况下是需要排查日志进行问题定位的。因为服务上线前，会经过 QA 的几轮测试回归，基本不会出现显而易见的问题，出现的都是没有被测试覆盖到的未知错误。如果没有日志，排查问题会异常艰难。

5.15.1 业务日志有哪些

BFF 框架在很多情况下会起到中间层的作用，承接服务上游、下游的链路。这个过程需要不断接收前端的 HTTP 请求、处理请求等操作，如果在这个过程中出现了什么问题，第一时间肯定是需要排查哪个请求出错了，出了什么问题。按照这个思路，就需要 access（记录请求）日志、抛出异常时的 error（错误）日志。很多情况下业务需要打印自己的逻辑日志，那么也需要一个 application（应用）日志。

1. access 日志

access 日志就是记录请求的日志。在实际的业务场景中，尤其是 C 端业务，很容易遭受网络攻击，一旦发现有异常，就可以分析 access 日志，根据请求头等特征进行一些禁止操作，避免业务受损。

2. error 日志

error 日志主要记录一些业务内部的异常，如果线上出现异常，分析 error 日志会更容易排查问题。

3. application 日志

application 日志主要方便业务打印一些自己的逻辑日志，比如在某个容易出错的地方打印相关日志，也是能够方便排查问题的。

5.15.2 日志模块实现

日志模块借助社区开源工具 log4js，它的日志处理功能非常强大，在 4.5 节已经详细介绍了 log4js 的用法，本节主要讲解如何在 BFF 框架中集成日志模块。

首先在 hooks 中注册 log 模块，并指定日志目录，也就是需要在 example/config 中配置 log 文件夹的路径，配置代码如下。

```
// example/config/config.development.ts
import path from 'path';
export default app => {
  return {

    // 省略部分代码
    // log 配置
    log: {
      dir: path.join(__dirname, '../log')
    },
  }
}
```

接下来实现日志的核心逻辑，通过 log4js 的日志分割功能，配置 access.log、error.log、application.log 三类日志，代码如下。

```
// lib/core/hooks/log.ts
import log4js from 'log4js';
import path from 'path';

export default async (app) => {
  const logConfig = app.config.log;
  const dir = logConfig.dir;

  log4js.configure({
    appenders: {
      out: { type: 'stdout' },
      access: {
        type: 'dateFile',
        filename: path.join(dir, 'access'),
        alwaysIncludePattern: true,
        pattern: 'yyyy-MM-dd-hh.log'
      },
      error: {
        type: 'dateFile',
        filename: path.join(dir, 'error'),
        alwaysIncludePattern: true,
        pattern: 'yyyy-MM-dd-hh.log'
      },
      application: {
```

```
          type: 'dateFile',
          filename: path.join(dir, 'application'),
          alwaysIncludePattern: true,
          pattern: 'yyyy-MM-dd-hh.log'
        }
    },
    categories: {
      default: { appenders: [ 'out' ], level: 'info' },
      access: { appenders: ['access'], level: 'info' },
      error: { appenders: ['error'], level: 'error' },
      application: { appenders: ['application'], level: 'info' }
    }
  });

  process.on('access', (msg) => {
    const accessLog = log4js.getLogger('access');
    accessLog.info(msg);
  })
  process.on('error', (msg) => {
    const errorLog = log4js.getLogger('error');
    errorLog.error(msg);
  })
  process.on('application', (msg) => {
    const applicationLog = log4js.getLogger('application');
    applicationLog.info(msg);
  })
  app.use((ctx, next) => {
    // 记录 access 日志
    process.emit('access', JSON.stringify(ctx));

    // 在 ctx 上挂载用户自定义日志
    ctx.log = (...arg) => {
      process.emit('application', arg);
    }

    // ctx 上挂载 error 日志
    ctx.error = (...arg) => {
      process.emit('error', arg);
    }
    return next();
  })
}
```

上述代码注册了 3 个类型事件，只要触发其中一个，就会将日志打到对应的日志文件中。

5.15.3　具体使用场景

对于 access.log 日志，只要有请求进入，就会生成一条日志，比如请求 user/getinfo 接口，就会生成一条如图 5-31 所示的日志。

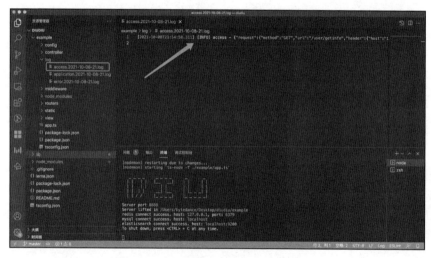

图 5-31　access 日志

对于 error 日志，可以在 Koa 兜底错误处理中进行打印，也可以在 catch 中打印，代码如下。

```
// lib/core/index.ts
// 省略部分代码
for ( const hook of allHooks ) {
  try {
    await hook.default(app);
  } catch (error) {
    process.emit("error", error)
```

```
  }
}

// 捕获错误
app.on("error", error => {
  process.emit("error", error)
});

// 省略部分代码
```

如果业务中有错误被捕获，就会在 error.log 文件中生成对应的错误日志，如图 5-32 所示。

图 5-32　error 日志

另外，业务也可以通过 ctx.error 打印错误日志，代码如下。

```
// example/controller/user/getinfo.ts
export default {
  method: 'GET',
  handler: async (ctx) => {
    // 打印错误日志
    ctx.error('this is a error')
```

```
  ctx.body = `my name is liujianghong`;
  }
}
```

请求后，会在 error.log 文件中输出日志，如图 5-33 所示。

图 5-33　自定义错误日志

业务自定义日志也比较简单，只需要通过 ctx.log 进行打印，代码如下。

```
// example/controller/user/getinfo.ts
export default {
  method: 'GET',
  handler: async (ctx) => {

    ctx.log('this is a application log')
    ctx.body = `my name is liujianghong`;
  }
}
```

请求后，在 application.log 文件中打印日志，如图 5-34 所示。

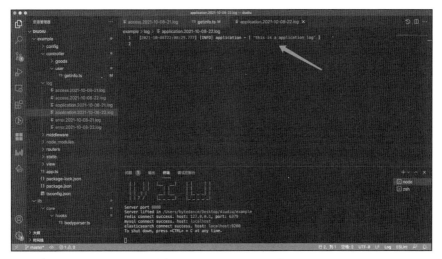

图 5-34　application 日志

5.16　单元测试

目前整个 BFF 框架的功能基本完成，为了确保发布之前功能的正确性以及后续迭代更加放心，写测试用例是必不可少的。可以看到，社区一些优秀的开源框架基本都有单元测试，单元测试越丰富，说明功能检测越全面。

社区有很多单元测试工具，其中使用最为广泛的是 mocha+chai，本节以这两个工具为例进行单元测试开发。

5.16.1　mocha 和 chai

mocha 是一个功能丰富的 JavaScript 测试框架，可以运行在 Node.js 和浏览器中，有比较友好的运行结果提示，使用起来也比较方便。具体的使用方法可参考官方文档 https://mochajs.org/。

chai 是一个断言工具库，具有非常丰富的 API。具体的使用方法也可以参考官方文档进行学习 https://www.chaijs.com/api/bdd/。

使用之前需要在主工程中安装依赖，命令为 npm i -D mocha 和 npm i -D chai。安装依赖后，需要在主工程的 package.json 里面添加测试命令 mocha --exit -t=10000 'test/**/*.spec.js'。接下来就可以进行测试用例的代码编写了。

5.16.2　编写测试用例

本节主要介绍两个测试用例的写法，一个为 utils 中的函数测试用例，另一个为 hooks 中的 router 测试用例。

首先实现 utils 中 deepMerge 函数的测试用例，deepMerge 函数主要实现的功能为用后者对象深度覆盖前者对象，具体代码如下。

```
// test/utils/deepMerge.spec.js
const deepMerge = require('../../lib/dist/core/utils/
  tools').deepMerge;
const { expect } = require('chai')

describe(' 工具类函数测试 ', () => {
  it(' 检测 deepMerge 方法 ', async () => {
    const obj1 = { name: 'liujianghong', age: 29 };
    const obj2 = { name: 'liujianghong1', age: 30 };
    expect(deepMerge(obj1, obj2)).deep.equal({
      name: 'liujianghong1',
      age: 30
    })
  })
})
```

接着测试 obj2 对象是否能够覆盖 obj1 对象，我们期望得到的结果是能够覆盖。在执行 mocha 后就会有相应结果提示，hooks 中路由的单元测试代码如下。

```
// test/hooks/router.spec.js
const request = require('supertest')
const { expect } = require('chai')
const child_process = require('child_process')

describe('hooks 测试 ', () => {

  it('action text 调用通过 ', async () => {
    const res = await request('http://localhost:8888').
      get('/user/getinfo')
    expect( res.status ).to.equal(200)
    expect( res.text ).to.equal('my name is liujianghong')
  })

})
```

supertest 是一个使用 fluent API 测试 node.js HTTP 服务器的超级代理驱动库依赖，主要用于测试请求，相关介绍读者可参考官网进行了解，地址为 https://github.com/visionmedia/supertest。

注意
- 执行测试用例之前，需要再构建一下 lib 代码，在 lib 目录下执行 npm run build 命令。
- 测试 hooks 时，需要本地运行 example 工程。

执行测试用例也非常简单，在主工程的 package.json 中增加如下测试命令。

```
// package.json
"scripts": {
  "test": "mocha --exit -t=10000 'test/**/*.spec.js'",
  ...
},
```

在控制台执行 npm run test 命令即可，如图 5-35 所示。

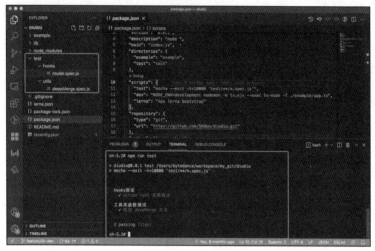

图 5-35 执行测试用例

5.17 发布 npm 包

到目前为止，BFF 框架的所有功能都已经实现，后续就是不断迭代和完善了。写框架的目的是服务业务，那么如何让业务使用我们写的框架呢？就是发布到 npm 上，让业务人员通过 npm 下载我们的框架。

发布流程比较简单，只需要 3 个步骤。

1）在 npm 上注册一个账号。如果读者没有注册过，可以登录网站 https://www.npmjs.com/ 进行注册。

2）把 npm registry 设置为 http://registry.npmjs.org/。

3）把构建的框架通过 npm publish 命令进行发布。

以 diudiu 框架为例，在 lib 目录下执行 npm run build 命令进行代码构建，然后直接执行 npm publish 命令即可发布。发布之后，可以在 npm 的个人中心看到发布结果，以笔者的账号为例，如图 5-36 所示。

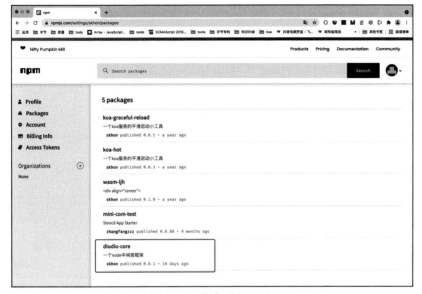

图 5-36　发布到 npm 上

5.18　本章小结

本章主要以代码的形式讲述了如何从零开始搭建一个企业级 BFF 框架，这是学习 Koa 的最终目的。整个项目的代码在笔者的 GitHub 上可以查看，地址为 https://github.com/SKHon/diudiu。欢迎读者一起共建这个 BFF 框架。

Node

在一些互联网公司面试中，面试官可能会问一些 Node 中比较难理解的概念，比如下列问题。

- Stream、Buff 的使用场景有哪些?
- Node 进程在异常终止后，如何自动重启?
- Node 中的垃圾回收机制是什么样子的?

说到底，Koa 也是一个 Node 框架。为了让读者在 Node 整体架构水平上有一个更好的认知以及在面试中能够取得一个好成绩，第四部分对 Node 中一些重要的知识点以及 Node 底层的重要概念进行详细讲解。

Node 中的重要概念

目前市场上虽然对于前端工程师的需求越来越多，但是对于大多数求职者来说，想进一线互联网公司还是很困难的。在大公司的面试中，往往不光考察求职者的前端技能，还会考察一些全栈技能，比如后端相关的技术。对于前端工程师来说，Node 是一项目比较友好的技术，因为开发语言是 JavaScript。

确切地说，Node 是 JavaScript 的运行时，它不是一门语言，就像浏览器一样，是 JavaScript 的运行环境。本书前 3 个部分所介绍的 Koa 的内容，说到底也是 Node 范畴内的知识。Node 像一座桥，帮我们连通了上层服务和底层平台。本章笔者结合面试以及工作中的经验，讲解 Node 中的一些重要概念。

6.1　模块机制

写过 Node 程序的读者一定很熟悉 require 这个关键词，如果想使用一个模块，使用 require() 方法就可以了。比如，想使用

Node 本身提供的 path 模块，代码如下。

```
const path = require('path');
```

为什么这样写能够使用对应的模块呢？我们要从 CommonJS 规范说起。

6.1.1　CommonJS 规范

所谓规范，就是大家都认可的一个标准，以后做的事情都依据这个标准来执行。CommonJS 规范就是一个业界公认的标准，Node 底层的模块依赖就是按照这个标准实现的。当然，JavaScript 的模块规范还有很多，比如 AMD、UMD、CMD、ES6 Module。对于 Node 来说，只支持 CommonJS 规范。第 5 章中的所有代码都是由 ES6 Module 编写的，因为最后会通过 tsc 进行编译，所以代码也遵循 CommonJS 规范。

1. 模块定义

对于 CommonJS 规范来说，一个文件就是一个模块，并且在模块上下文中提供了一个 exports 对象，该对象可以导入导出当前模块的方法或者变量，并且 exports 是模块的唯一出口。比如定义一个加法器模块，代码如下。

```
// add.js
exports.add = function (num1, num2) {
  const sum = num1 + num2;
  return sum;
}
```

2. 模块引用

如果要使用定义的 add 模块，可以使用 require() 方法引入 add 模块，代码如下。

```
// index.js
```

```
const { add } = require('./add');
console.log(add(1, 2));
```

6.1.2　模块加载原理

加载 Node 模块主要有 3 个步骤——路径分析、文件定位、编译执行。

1. 路径分析

require() 方法中的参数叫作模块标识，路径就是通过模块标识分析的。模块标识也分好几类，比如在 6.1.1 节的实例中，模块标识为文件路径，则会通过路径寻找对应的模块。如果是 Node 自带模块，比如 http、path 等，就要在编译后到 Node 源码中寻找。模块标识还可以是一个目录，这样会默认查找该目录下的索引文件，如果没有索引文件，则查找失败。

2. 文件定位

如果模块标识为文件路径，但是没有文件后缀名，require 也是允许的，这种情况 Node 会按照 .js → .json → .node 的顺序进行匹配。如果引用模块在 node_modules 中，则 Node 会从内到外依次查找。

3. 编译执行

在定位到具体的文件后，Node 会先新建一个模块对象，然后根据路径进行编译，最后根据不同的拓展名操作不同的方法。

- ❑ 如果是 .js 文件，则通过 fs 模块同步读取文件后编译执行。
- ❑ 如果是 .json 文件，则通过 fs 模块同步读取文件后，用 JSON.parse() 解析返回结果。
- ❑ 如果是 .node 文件，则通过 dlopen() 方法加载最后编译生成的文件。这是 C/C++ 编写的拓展文件。

6.2　Node 中的 I/O

Node 一直以来都以速度著称，号称无阻塞 I/O，那么什么是无阻塞 I/O 呢？

6.2.1　什么是无阻塞 I/O

无阻塞 I/O 就是在发起 I/O 操作后，无须等待响应，就可以让进程继续执行其他操作，只是要通过轮询方式不断地检查数据是否已准备好。

如果是阻塞 I/O 的话，一旦发生了 I/O 操作，就必须等待响应，在得到响应之后，才能继续执行后面的操作。如果某个环节阻塞了，整个操作链条也会发生阻塞。

6.2.2　无阻塞 I/O 原理

在 Node 架构中，负责 I/O 能力的主要是 libuv，其架构如图 6-1 所示。

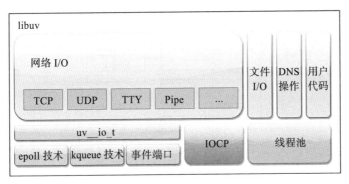

图 6-1　libuv 架构图

网络 I/O、文件 I/O 以及 DNS 的操作都是在 libuv 中实现的。

libuv 会维护一个线程池，保证 I/O 的高性能。每个 Node.js 进程只有一个主线程在执行程序代码，形成一个执行栈。主线程之外，还维护一个事件队列，当用户的网络请求或者其他异步操作到来时，会先进入事件队列排队，并不会立即执行，代码也不会被阻塞，而是继续往下走，直到主线程代码执行完毕。然后通过事件循环机制，检查队列中是否有要处理的事件，从队头取出第一个事件，从线程池分配一个线程来处理这个事件，然后是第二个、第三个……直到队列中所有事件都执行完。当有事件执行完毕了，会通知主线程，主线程执行回调，并将线程归还给线程池。不断重复上述步骤。

6.2.3　事件循环

Node 的事件循环可以概括为 6 个阶段，如图 6-2 所示。

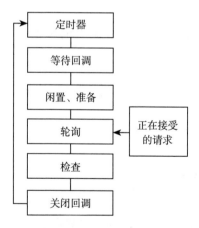

图 6-2　Node 事件循环

❑ 定时器（timer）阶段：执行 setTimeout 和 setInterval 调度的回调任务。

❑ 等待回调（pending callback）阶段：用于执行前一轮事件
循环中被延迟到这一轮的 I/O 回调函数。

❑ 闲置、准备（idle，prepare）阶段：只能在 Node 事件内部
使用。

❑ 轮询（poll）阶段：最重要的阶段，执行 I/O 事件回调，在
适当的条件下 Node 会阻塞在这个阶段。

❑ 检查（check）阶段：执行 setImmediate 的回调任务。

❑ 关闭回调（close callback）阶段：执行 close 事件的回调任
务，如套接字（socket）或句柄（handle）突然关闭。

6.3　进程与集群

在 Node 中，进程和集群是两个非常重要的概念，在一些高并
发的业务场景中，往往需要充分利用物理机多核的优势，分担用户
请求。常见的实现方案就是通过集群克隆多个进程来负载高并发的
请求。

6.3.1　进程

关于进程需要关注两个概念，一个是操作系统的进程，另一
个是 Node 全局对象上的 process 对象。

1. 操作系统进程

通过命令 ps -ef 可以查看 Linux 系统或者 Mac 系统当前有哪
些进程。查看效果如图 6-3 所示。

图 6-3 中几个概念的含义如下。

❑ UID：执行该进程的用户 ID。

❑ PID：进程编号。

- ❑ PPID：该进程的父进程编号。
- ❑ C：该进程所在的 CPU 利用率。
- ❑ STIME：进程执行时间。
- ❑ TTY：进程相关的终端类型。
- ❑ TIME：进程所占用的 CPU 时间。
- ❑ CMD：创建该进程的指令。

图 6-3　查看当前进程

2. process 对象

Node 中对进程的管理都是通过 process 对象执行的，读者可以在代码中执行 console.log(process) 命令输出 process 对象，查看它都包含哪些属性，也可查看 Node 官方文档中关于 process 的介绍，地址为 https://nodejs.org/dist/latest-v16.x/docs/api/process.html。

概括来说，process 对象主要包含以下内容。

- ❑ 进程基础信息：比如当前进程的 pid 等。
- ❑ 进程 Usage：通过 process.cpuUsage 方法可以获取当前进

程的 CPU 使用率。

❑ 进程级事件：比如 process.kill 杀掉进程等。

❑ 依赖模块 / 版本信息：可以获取 Node 版本等。

❑ 信号收发：比如 process.on、process.emit 等。

❑ 3 个标准流：process.stderr、process.stdin、process.stdout。

6.3.2　集群

Node 中的集群（cluster）模块可以被用来在多核 CPU 环境负载均衡。基于 child_process 的 fork 方法可以衍生出多个工作进程，这样也能充分利用多核资源。

集群模块的工作结构比较简单。在主进程中衍生（fork）了一些工作进程（worker process），并由主进程管理。每个工作进程都可以理解为一个应用实例。所有到来的请求都被主进程所处理，主进程决定着哪一个工作进程应该处理哪个请求，流程如图 6-4 所示。

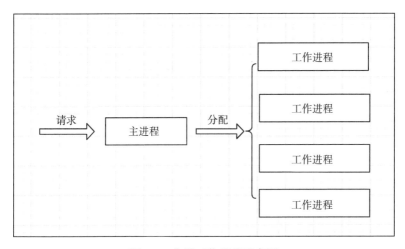

图 6-4　集群工作流程示意图

接下来通过一个简单实例进一步掌握集群的使用方法。首先在主进程中获取机器的 CPU 核数，有多少核就创建出多少个工作进程，代码如下。

```
// index.js
const cluster = require('cluster');
const os = require('os');
if (cluster.isMaster) {
  const cpus = os.cpus().length;
  console.log('forking for ', cpus, ' CPUS');
  for(let i = 0;i<cpus;i++) {
    cluster.fork();
  }
} else {
  require('./server.js');
}
```

在工作进程中执行 server.js 文件，工作进程的实现代码如下。

```
// server.js
const http = require('http');
const pid = process.pid;
http.createServer((req, res) => {
  res.end(`handled by process.${pid}`);
}).listen(8080, () => {
  console.log(`started process`, pid);
});
```

启动 index.js 文件，会在控制台输出工作进程 pid，如图 6-5 所示。

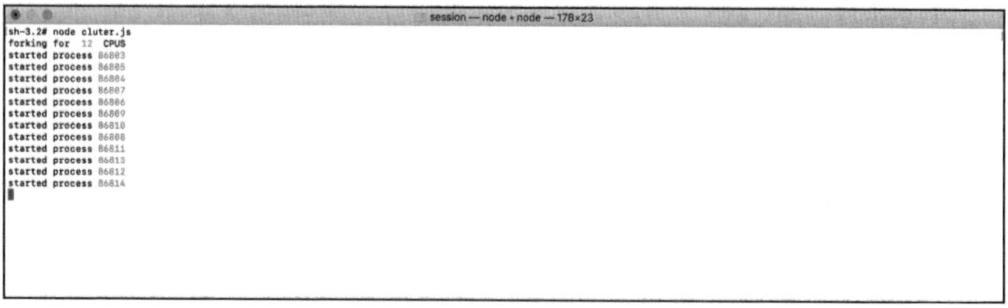

图 6-5　输出工作进程 pid

为了验证负载均衡效果，读者可以使用 postman 进行模拟，如果有大量请求进入，集群会将请求分配到不同的工作进程处理。如果请求量很少，集群通常会用一个工作进程进行处理。

6.4　进程守护

进程守护是在一些突发情况，如服务重启时，保证进程能够正常处理相关逻辑，业务不受影响。很多人虽然了解进程守护的概念，也用过相关工具，比如 pm2 等，但是在面试中，回答不了其原理。本节笔者将通过一个实例来帮助读者理解进程守护的原理。

6.4.1　如何实现进程守护功能

假设有这样一个场景，线上业务正常运行，有一个新需求要上线，如果直接重启服务，那么重启服务的这段时间，线上业务会受影响，因为服务重启，用户就访问不了线上业务了。

想解决这类问题，离不开进程守护。如何能够做到新需求上线，线上服务又不受影响呢？这里先简单描述一下进程守护原理：在主进程中创建多个工作进程，当服务收到重启服务的指令后，主进程要指挥工作进程一个一个地重启，不能同时重启。因为集群具有负载均衡能力，所以当有进程存活时，用户发过来的请求依然能够正常处理。

下面通过一个实例来进行理解，代码如下。

```
const cluster = require('cluster')
const CPUs = require('os').cpus()
let workId = 1
let workCount = 0

module.exports = function(path) {
```

```
console.log('start reload...', path)
if (cluster.isMaster) {

  CPUs.length && CPUs.forEach(() => {
    cluster.fork()
  });

  cluster.on('exit', (worker, code, signal) => {
    console.log(`工作进程 ${worker.id} 已退出 ${code} ---
      ${signal}`);
  });

  process.on('SIGHUP', () => {

    // 这里开始递归重启所有子进程
    let restartWork = () => {

      if (!cluster.workers[workId]) {
        console.log('this worker not exist!')
        return;
      }

      if (workCount >= CPUs.length) {
        console.log('all workers are restarted success!')
        workCount = 0
        return;
      }

      cluster.workers[workId].send(`worker ${workId} exit`)

      // 断开连接后，存量请求会正常响应，增量请求会被引导到其他
        子进程上
      cluster.workers[workId].on('disconnect', () => {
        console.log(`工作进程 #${workId} 已断开连接`);
      })

      cluster.workers[workId].disconnect()

      cluster.fork().on('listening', () => {
        console.log(`process ${process.pid} already restart!`)
        workCount++
        restartWork(++workId)
      });
```

```
        }
        restartWork(workId)
    });

    } else {
      require(path)
      process.on('message', (msg) => {
        if (msg === 'shutdown') {
          process.exit(0)
        }
      })
    }
  }
}
```

　　这是笔者实现的平滑启动服务的小工具，其本质就是进程守护。具体地址为 https://github.com/SKHon/koa-graceful-reload。读者可以通过 postman 模拟定时发请求并测试。测试步骤请看 Readme。

6.4.2　进程管理工具 pm2

　　简单来说，pm2 是一个 Node 进程管理工具，我们可以利用它来简化很多 Node 应用管理的烦琐任务，如性能监控、自动重启、负载均衡等。

1. 使用方法

　　首先全局安装 pm2 依赖，命令为 npm install -g pm2。然后写一个简单的 Koa 服务，代码如下。

```
// app.js
const Koa = require('koa')
const app = new Koa()
const Router = require('koa-router')
const router = new Router()

router.get('/user/getinfo', async (ctx) => {
```

```
  ctx.body = `my name is liujianghong`;
})

// 加载路由中间件
app.use(router.routes())

app.listen(4000, () => {
  console.log('server is running, port is 4000')
})
```

虽然一般情况下是在控制台执行 node app.js 命令来启动服务的，但是这样会有问题，如果在实际业务部署上线后，控制台关闭，那么服务也就关闭了。用 pm2 启动服务就可以规避这种问题。输入命令 pm2 start app.js，启动后看到 pm2 打印的日志，如图 6-6 所示。

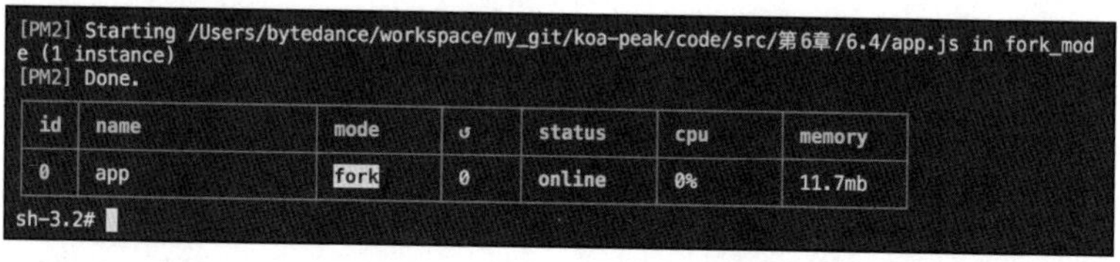

图 6-6　pm2 启动服务

这样即使关掉终端，启动的这个服务依然正常运行。关于 pm2 提供的命令，读者可以在终端输入 pm2 -h 命令查看。

2. 配置文件

pm2 的配置参数可能有很多，如果都通过命令行执行，会很烦琐。pm2 还提供了一种通过配置 JSON 文件启动服务的方式。还是以启动 app.js 为例，配置如下。

```
// pm2.json
{
  "apps": {
    "name": "MyApplication",      // 项目名
    "script": "app.js",           // 执行文件
```

```
    "cwd": "./",                       // 根目录
    "args": "",                        // 传递给脚本的参数
    "interpreter": "",                 // 指定的脚本解释器
    "interpreter_args": "",            // 传递给解释器的参数
    "watch": true,                     // 是否监听文件变动并重启
    "ignore_watch": [                  // 不用监听的文件
      "node_modules",
      "public"
    ],
    "exec_mode": "cluster_mode",   // 应用启动模式，支持 fork
                                       和 cluster 模式
    "instances": "max",         // 应用启动实例个数，仅在 cluster
                                   模式有效，默认为 fork
    "error_file": "./logs/app-err.log",   // 错误日志文件
    "out_file": "./logs/app-out.log",     // 正常日志文件
    "merge_logs": true,         // 设置追加日志而不是新建日志
    "log_date_format": "YYYY-MM-DD HH:mm:ss",
                                // 指定日志文件的时间格式
    "max_restarts": 30,         // 最大异常重启次数
    "autorestart": true, // 默认为 true，发生异常的情况下自动重启
    "restart_delay": "60",      // 异常重启情况下，延时重启时间
    "env": {
      "NODE_ENV": "production", // 环境参数，当前指定为生产环境
      "REMOTE_ADDR": ""
    },
    "env_dev": {
      "NODE_ENV": "development", // 环境参数，当前指定为开发
                                    环境
      "REMOTE_ADDR": ""
    },
    "env_test": {               // 环境参数，当前指定为测试环境
      "NODE_ENV": "test",
      "REMOTE_ADDR": ""
    }
  }
}
```

　　执行 pm2 start pm2.json 命令即可启动服务，由于启动方式为
cluster，并且实例个数为当前服务器最大 CPU 核数，因此会创建
很多工作进程，启动后的控制台输出结果如图 6-7 所示。

id	name	namespace	version	mode	pid	uptime	↺	status	cpu	mem	user	watching
0	MyApplication	default	1.0.0	cluster	87228	15s	14	online	0%	32.0mb	root	enabled
1	MyApplication	default	1.0.0	cluster	87229	15s	14	online	0%	32.5mb	root	enabled
2	MyApplication	default	1.0.0	cluster	87226	15s	24	online	0%	31.4mb	root	enabled
3	MyApplication	default	1.0.0	cluster	87227	15s	19	online	0%	31.6mb	root	enabled
4	MyApplication	default	1.0.0	cluster	87219	16s	16	online	0%	31.4mb	root	enabled
5	MyApplication	default	1.0.0	cluster	87204	16s	14	online	0%	31.4mb	root	enabled
6	MyApplication	default	1.0.0	cluster	87181	16s	8	online	0%	33.8mb	root	enabled
7	MyApplication	default	1.0.0	cluster	87184	17s	6	online	0%	31.6mb	root	enabled
8	MyApplication	default	1.0.0	cluster	87193	17s	6	online	0%	31.7mb	root	enabled
9	MyApplication	default	1.0.0	cluster	87198	16s	6	online	0%	31.8mb	root	enabled
10	MyApplication	default	1.0.0	cluster	87205	16s	6	online	0%	32.1mb	root	enabled
11	MyApplication	default	1.0.0	cluster	87206	16s	5	online	0%	31.3mb	root	enabled

图 6-7　pm2 通过 JSON 文件启动服务

3. 查看日志

在上述 JSON 文件配置中，读者可以看到两个字段：error_file 和 out_file，这两个属性就是设置日志文件路径的。想查看日志，直接找对应日志文件即可，也可以通过 pm2 log 命令查看，如图 6-8 所示。

图 6-8　查看日志

4. 查看监控

pm2 提供了各个进程的监控功能，可以实时查看进程的 CPU 占有率、堆内存的使用情况等。严格来说，pm2 做了很多运维的工作，对于前端架构开发者来说，也需要掌握操作系统相关的知识。查看监控只需要在控制台输入 pm2 monit 命令即可，如图 6-9 所示。

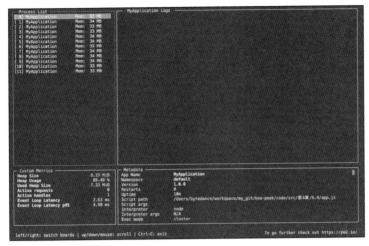

图 6-9　查看 pm2 监控

6.5　Buffer 和 Stream

对于刚接触 Node 的人来说，Buffer、Stream 等概念非常难理解，官网文档或者技术文章都没有对原理性内容进行讲解，只介绍了一些 API 怎么使用，这样还是不能很好地理解 Buffer、Stream 的概念。另外 JavaScript 本身没有操作 Stream 的能力，对于一些只做前端开发的人来说，理解这些模糊的概念更加困难。

Buffer 被引入 Node，主要是为了操作二进制数据，举一个简单的例子，对于一些大文件的存储，如果不使用 Stream 方式，一方面 Node 进程分配的内存空间有上限，很容易超出最大内存；另一方面一次性操作大文件，性能会很慢。

1. 二进制数据

既然 Buffer 和 Stream 都是为了操作二进制数据而引入 Node 的，就需要先了解二进制数据是什么。在计算机的存储中，所有类

型的文件都是二进制存储的，比如十进制的 12，用二进制表示为
1100，每一位最大值为 1，可以类比十进制的写法。

　　计算机中的字母、图片甚至视频，最终都是以二进制形式存
储的。比如字符 A，计算机会先将字符 A 转成数字，再将数字
转为二进制数据。读者可以打开浏览器控制台，运行代码 "A".
charCodeAt(0)，会发现返回了一个数字 65。这个 65 就是字母 A
的数字编码，那么计算机是如何知道哪个数字代表哪个字符的呢？
答案就是字符集。

2. 字符集

　　字符集是一张定义数字所代表的字符的规则表，同样定义了
怎样用二进制存储和表示该字符。用多位字符表示一个数字就是字
符编码（Character Encoding）。

　　比如有一种字符集为 utf-8，它规定了字符应该以字节为单
位来表示。一个字节是 8 位（bit），即 8 个 1 和 0 组成的序列，应
该用二进制来存储和表示任意一个字符。比如 65 的二进制数是
1000001，用 8 位表示就是 01000001，在 utf-8 中，这个数字对
应的就是字符 A。如果读者对字符集感兴趣，可参考 W3C 的文
章，地址为 https://www.w3.org/International/questions/qa-what-is-
encoding。

3. Stream

　　在 Node 中，Stream（流）就是两点之间流动的数据，比如要
将一个大文件从计算机 A 传输到计算机 B，就是通过二进制流持
续输送的，而不是一次性传递过去。在传输过程中，流会被分割成
一个一个小块（chunks）。

4. Buffer

　　还是以计算机 A 向计算机 B 传输大文件为例，如果计算机 B

处理的速度很快,某一时刻仅传过来一小部分数据,那么这小部分数据就需要等待,等后面的数据填充到一定量的时候,计算机 B 才会进行处理。这个等待区域就是 Buffer。

以乘坐公交车为例解释 Buffer,乘客需要乘坐一辆公交车从 A 地到 B 地,这辆公交车如果没有坐满,则需要等待后面的乘客继续上车,坐满了才能发车。如果乘客到公交站时,发现公交车已经坐满或者已经发车,那就需要等待下一辆公交车。这个等待区域就可以理解为 Buffer。Node 虽然控制不了传输速度,但是能够控制一次传多少数据、什么时候传数据。关于 Buffer 的相关操作,读者可以查看官方文档进行了解,地址为 https://nodejs.org/dist/latest-v16.x/docs/api/buffer.html。

6.6 垃圾回收原理

Node 是 JavaScript 的一个运行环境,Node 的垃圾回收原理和我们生活中的垃圾处理是一个道理。开发者在写 Node 程序时,不需要写对象销毁等相关操作,Node 中的 V8 已经帮我们处理了。

6.6.1 V8 内存结构

在了解垃圾回收原理之前,我们要先了解一下 V8 的内存结构,如图 6-10 所示。

❑ 新空间(new_space):大多数对象初始阶段都会被分配在这里,这个区域相对较小且垃圾回收特别频繁,该区域被分为两部分,一部分用于分配内存,另一部分用于在垃圾回收时将需要保留的对象复制过来。

❑ 旧空间(old_space):新空间中的对象在存活一段时间后就会被转移到这里,相对于新空间,该内存区域的垃圾回收

频率较低。该区域又被分为指针区和数据区，前者包含大
多数可能存在指向其他对象的指针的对象，后者只保存原
始数据对象，这些对象没有指向其他对象的指针。

❏ 大对象区（large_object_space）：存放体积超过其他区域的
对象，每个对象都会有自己的内存，垃圾回收不会对大对
象区进行操作。

❏ 代码区（code_space）：代码对象会被分配在这里，是唯一
拥有执行权限的内存区域。

❏ map 区（map_space）：存放 Cell 和 Map，每个区域都存放
相同大小的元素。

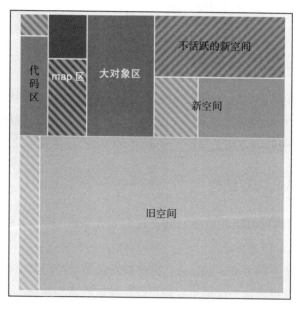

图 6-10　V8 内存结构

6.6.2　垃圾回收机制

假设代码中有一个对象 MyObj，这个对象从创建到被销毁的过程可以描述为如下几个步骤。

1）这个对象被分配到 new_space。

2）随着程序的运行，new_space 塞满了，开始清理 new_space 里未被引用的对象，这个过程叫作 Scavenge，采用了空间换时间的思想，用到图 6-10 中的不活跃的新空间（inactive_new_space），具体过程如下。

- ❑ 当 new_space 满了之后，交换 new_space 和 inactive_new_space，交换后 new_space 变空了。
- ❑ 将 inactive_new_space 中两次清理都没清理出去的对象移动到 old_space。
- ❑ 将还没清理够两次但是处于活跃状态的对象移动到 new_space。
- ❑ 由于 MyObj 还处于活跃状态，因此没被清理出去。

3）清理两遍 new_space，发现 MyObj 依然活跃着，于是把 MyObj 移动到了 old_space。

4）随着程序运行，old_space 也塞满了，开始清理 old_space，这个过程叫作 Mark-sweep，因为占用内存很大，所以没有使用 Scavenge。这个回收过程包含若干次标记过程和清理过程，过程如下。

- ❑ 将从根（root）可达的对象标记为黑色。
- ❑ 遍历黑色对象的邻接对象，直到所有对象都标记为黑色。
- ❑ 循环标记若干次。
- ❑ 清理掉非黑色的对象。

简单来说，Mark-sweep 就是把从根节点无法获取到的对象清理掉，当发现 MyObj 已经不被引用了，把 MyObj 清理出去。

6.7　本章小结

本章主要讲解 Node 中一些难以理解的知识点，这些知识在面试时也经常会被问到，希望读者在理解的过程中，也能够自己写一些实例进行练习，加深对这些概念的理解。

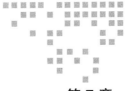

Node 底层解析

　　如果只想在使用层面熟练掌握 Node，学习前 6 章就足够了。本章适合对 Node 底层感兴趣的读者，没有做过 Node 底层相关工作的读者理解起来可能比较困难。

7.1　Node 整体架构

　　确切来说，Node 不是一门后端语言，而是一门后台技术，它是 JavaScript 的运行环境。开发者可以使用 JavaScript 语言调用 Node 上层暴露的 API，做一些前端做不了的事情，比如操作系统文件、创建子进程等。Node 的整体架构如图 7-1 所示。

- ❑ 应用和模块：这是 JavaScript 代码部分，包括 Node 的核心模块、npm install 的模块以及开发者用 JavaScript 写的所有模块。和开发者打交道最多的就是应用和模块。

- ❑ Binding（绑定）：Node 底层都是 C/C++ 代码，JavaScript 最后是要跟这些 C/C++ 代码互相调用的。Binding 主要起

了一个胶水的作用，把不同语言绑定在一起，使其能够互相沟通。在 Node 中，Binding 所做的就是把 Node 中那些用 C/C++ 写的库接口暴露给 JavaScript 环境。这么做的原因有两个：一个是代码重用，这些功能已经有现成实现，没必要只是因为换个语言环境就重写一遍；另一个是性能，C/C++ 这样的系统编程语言通常都比其他高阶语言（Python、JavaScript、Ruby 等）性能更好，把主要消耗 CPU 的操作通过 C/C++ 代码来执行更加明智。

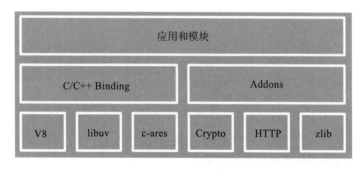

图 7-1　Node 架构

❑ C/C++ Addons：Binding 仅桥接 Node.js 核心库的一些依赖，如 zlib、OpenSSL、c-ares、http-parser 等。如果想在应用程序中使用第三方或者自己的 C/C++ 库，需要完成这部分胶水代码。你写的胶水代码就称为 Addon。可以把 Binding 和 Addon 视为连接 JavaScript 代码和 C/C++ 代码的桥梁。

❑ V8：Google 开源的高性能 JavaScript 引擎，以 C++ 实现。这也是集成在 Chrome 中的 JavaScript 引擎。

❑ libuv：提供异步功能的 C 库。它在运行时负责一个事件循环（Event Loop）、一个线程池、文件系统 I/O、DNS 相关和网络 I/O，以及一些其他的重要功能。

❏ 其 他 C/C++ 组 件 和 库：如 c-ares、Crypto（OpenSSL）、http-parser 以及 zlib。这些依赖提供了对系统底层功能的访问，包括网络、压缩、加密等。

7.2　深入理解 Addon

Addon 简单来说就是 JavaScript 和 C/C++ 的胶水代码。由于 C/C++ 对于操作系统有天然的性能优势，因此有些性能要求比较高的业务场景可能需要自己写独立的 C/C++ 模块。本节将会以一个具体实例的代码编写为例，帮助读者清晰地理解 Addon 的使用方法。

7.2.1　编译工具 node-gyp

在写 Addon 模块之前，需要先了解一下 node-gyp。它是 Node.js 中编译原生模块用的。自 Node 0.8 版本开始，node-gyp 就用于编译 Node 插件了，在此之前它的默认编译帮助包是 node-waf，对于早期 Node 开发者来说应该不会陌生。

node-gyp 是基于 GYP 的，它会识别包或者项目中的 binding.gyp 文件，然后根据该配置文件生成各系统下能进行编译的项目，如 Windows 系统下生成 Visual Studio 项目文件（*.sln 等），Unix 系统下生成 Makefile。在生成这些项目文件之后，node-gyp 还能调用各系统的编译工具（如 GCC）对项目进行编译，得到最后的动态链接库 *.node 文件。

node-gyp 是一个命令行程序，安装后能通过 $ node-gyp 命令直接运行。它还有一些子命令可以使用，具体如下。

❏ $ node-gyp configure：通过当前目录的 binding.gyp 生成项

目文件，如 Makefile 等。

❏ $ node-gyp build：对当前项目进行构建和编译，必须先进
行前置操作。

❏ $ node-gyp clean：清理生成的构建文件以及输出目录。

❏ $ node-gyp rebuild：相当于依次执行了 clean、configure 和
build 操作。

❏ $ node-gyp install：手动下载当前版本的 Node.js 头文件和
库文件到对应目录下。

7.2.2　Node 插件开发

首先初始化一个项目，然后在 package.json 里面配置运行命令
并安装 nan 依赖，代码如下。

```
// package.json
{
  "name": "nan-add",
  "version": "1.0.0",
  "description": "",
  "main": "index.js",
  "scripts": {
    "install": "node-gyp rebuild"
  },
  "repository": {
    "type": "git",
    "url": "git+https://github.com/SKHon/NAN-add.git"
  },
  "author": "liujianghong",
  "license": "ISC",
  "bugs": {
    "url": "https://github.com/SKHon/NAN-add/issues"
  },
  "homepage": "https://github.com/SKHon/NAN-add#readme",
  "dependencies": {
    "nan": "^2.14.1"
  }
}
```

关于 nan 的解释，读者可以查看官方文档，地址为 https://
github.com/nodejs/nan。nan 主要提供 Node 原生模块的抽象接口。
接下来实现 Addon 模块，完成一个加法运算功能，代码如下。

```
// src/init.cc
#include <v8.h>
#include <node.h>
#include <nan.h>

using v8::Local;
using v8::Object;
using v8::Number;

NAN_METHOD(sum){
  Nan::HandleScope scope;
  uint32_t sum = 0;
  for(int i = 0; i< info.Length(); i++){
    sum += info[i]->NumberValue();
  }

  info.GetReturnValue().Set(Nan::New(sum));
}

void init (Local<Object> exports)
{
  Nan::HandleScope scope;
  Nan::SetMethod(exports, "sum", sum);
}

NODE_MODULE(memwatch, init);
```

Addon 模块的实现是用 C++ 写的。NAN_METHOD 函数主要
实现加法运算逻辑，init 函数主要设置加法函数，方便最后导出，
供 JavaScript 调用。

JavaScript 部分可以简单地传入两个加数，代码如下。

```
// index.js
const addon = require('./build/Release/sum')
console.log(addon.sum(1,2))
module.exports = addon.sum
```

使用node-gyp需要设置一些编译配置，这是因为C++代码最终会被编译为 .node 文件，供 JavaScript 调用。配置文件为 binding.gyp，具体内容如下。

```
// binding.gyp
{
  'targets': [
    {
      'target_name': 'sum',
      'include_dirs': [
        "<!(node -e \"require('nan')\")"
      ],
      'sources': [
        'src/init.cc'
      ]
    }
  ]
}
```

当执行 npm i 命令时，会进行自动编译，生成 build 目录。再运行 index.js 文件，就可以看到结果了，如图 7-2 所示。

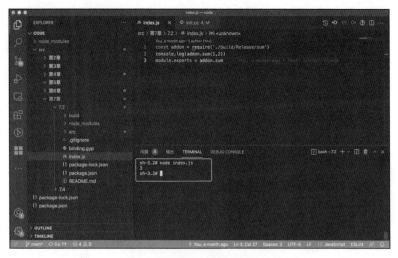

图 7-2　Addon 加法模块执行结果

7.3　V8 如何解析代码

目前开源的 JavaScript 引擎不多，整体看来，V8 是深受广大开发者欢迎的。Chrome 与 Node.js 都使用了 V8 引擎，而 Node.js 是 JavaScript 后端编程的事实标准。国内众多浏览器都是基于 Chromium 浏览器开发的，而 Chromium 相当于开源版本的 Chrome，自然也是基于 V8 引擎的。就连浏览器界独树一帜的 Microsoft 也投靠了 Chromium 阵营。另外，Electron 是基于 Node.js 与 Chromium 开发的桌面应用，也是基于 V8 的。

7.3.1　V8 的重要组成模块

V8 本身是一个庞大的项目，据统计，V8 整个项目的代码量超过 100 万行。V8 由很多子模块构成，下面这 4 个模块是最重要的。

- ❑ Parser：负责将 JavaScript 源码转换为抽象语法树（Abstract Syntax Tree，AST）。
- ❑ Ignition：解释器，负责将 AST 转换为字节码，解释并执行，同时收集 TurboFan 优化编译所需的信息，比如函数参数的类型。
- ❑ TurboFan：编译器，利用 Ignitio 收集的类型信息，将字节码转换为优化后的汇编代码。
- ❑ Orinoco：垃圾回收模块，负责回收程序不再需要的内存空间。

简单来说，Parser 会将 JavaScript 源码转换为 AST，然后 Ignition 将 AST 转换为字节码，最后 TurboFan 将字节码转换为经过优化的汇编代码。

7.3.2　AST 是什么

AST 就是抽象语法树，JavaScript 源码经过 V8 Parser 的词法分析和语法分析后，会生成一个大对象。这个大对象描述了源代码的整个结构。读者可以到工具网站上体验一下，网址为 https://astexplorer.net/。假设有如下所示一段代码。

```javascript
function test() {
  // 这是一个字符串
  const str = 'this is a node book';
  console.log(str);
}
test();
```

解析成 AST 后是什么样子的呢？读者可以把代码粘贴到上面提到的网站上看解析结果，如图 7-3 所示。

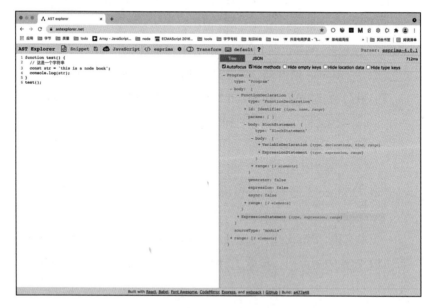

图 7-3　JavaScript 源码解析成 AST

　　当然，V8 解析成的 AST 虽然可能不是这种格式，但也类似。读者对比理解就可以。

7.3.3　如何查看字节码和汇编代码

　　Node 本身提供了很多 V8 引擎的选项，比如想了解 Ignition 将源码解析后字节码是什么样子，可以通过参数 --print-bytecode 查看，执行命令为 node --print-bytecode index.js。还是以 7.3.2 节中的代码为例，源码编译后的字节码如图 7-4 所示。

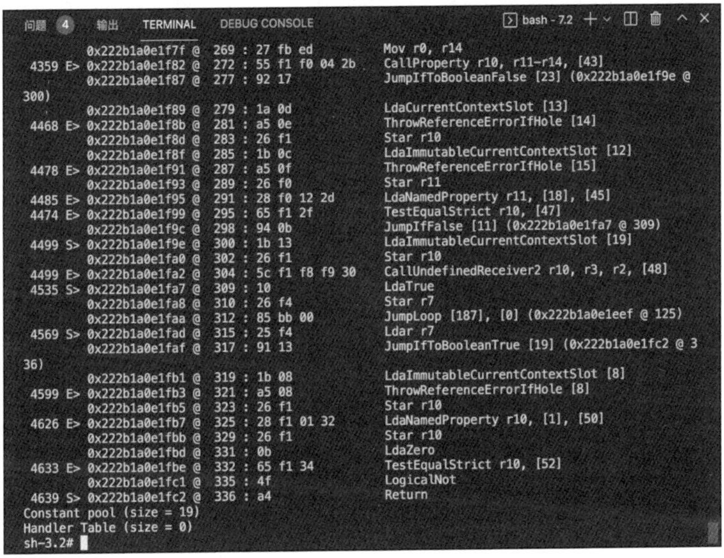

图 7-4　源码编译后的字节码

　　如果想看编译后的汇编代码，可以执行命令 node --print-code --print-opt-code index.js。解析后的汇编代码如图 7-5 所示。

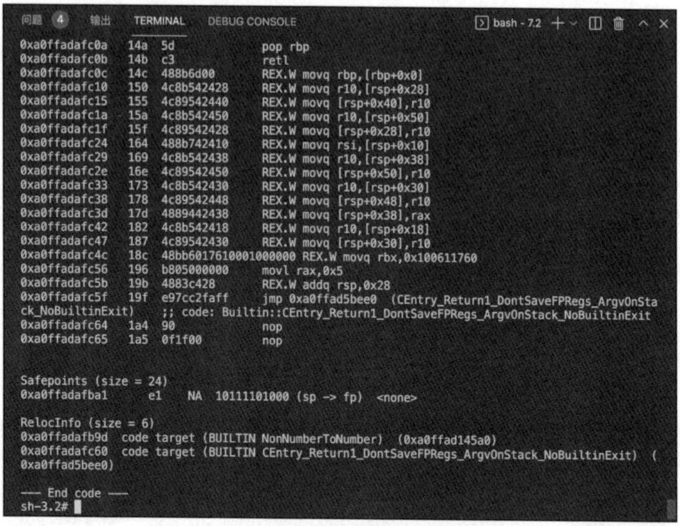

图 7-5　源码编译后的汇编语言

7.4　libuv 架构

首先复习一下 libuv 的整体架构，请回顾图 6-1。

libuv 可分为两部分，一部分为网络 I/O 的相关请求，另一部分由文件 I/O、DNS 操作和用户代码共同组成。Node 中的 I/O 主要包含两部分，一部分为网络 I/O，另一部分为文件 I/O。libuv 在这两部分的实现机制不同，原理如图 7-6 所示。

server.listen() 方法是在创建 TCP 服务时通常放在最后一步执行的代码，主要指定服务器工作的端口以及回调函数。fs.open() 方法是用异步的方式打开一个文件。

图 7-6 的右半部分又分成以下两个部分。

❑ 主线程：主线程也是 Node 启动时执行的线程。Node 启动时，会完成一系列的初始化动作，启动 V8 引擎，进入下一个循环。

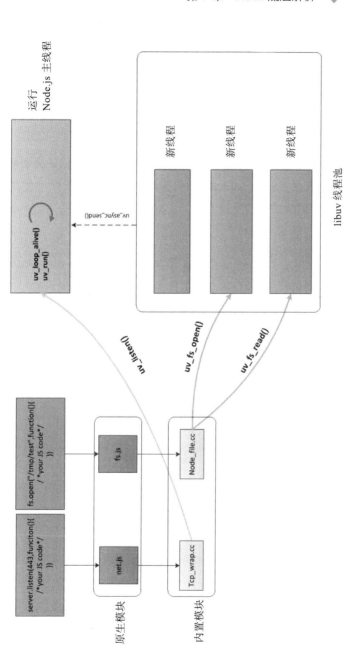

图 7-6　网络 I/O 和文件 I/O 原理

❑ 线程池：线程池的数量可以通过环境变量 UV_THREAD-POOL_SIZE 配置，最多不超过 128 个，默认为 4 个。

7.5 本章小结

本章主要通过对 Node 底层一些重要概念的讲解，让读者能够更全面地掌握 Node。Node 底层相关的技能虽然在工作中使用不多，但掌握好后非常有利于排查一些难题。必要时可能还需要查看 Node 源码。

推荐阅读

Electron实战：入门、进阶与性能优化

本书以实战为导向，讲解了如何用Electron结合现代前端技术来开发桌面应用。不仅全面介绍了Electron入门需要掌握的功能和原理，而且还针对Electron开发中的重点和难点进行重点讲解，旨在帮助读者实现快速进阶。作者是Electron领域的早期实践者，项目经验非常丰富，本书内容得到了来自阿里等大企业的一线专家的高度评价。

本书遵循循序渐进式的原则逐步传递知识给读者，书中以Electron知识为主线并对现代前端知识进行了有序的整合，对易发问题从深层原理的角度进行讲解，对普适需求以最佳实践的方式进行讲解，同时还介绍了Electron生态内的大量优秀组件和项目。

深入浅出Electron：原理、工程与实践

这是一本能帮助读者夯实Electron基础进而开发出稳定、健壮的Electron应用的著作。

书中对Electron的工作原理、大型工程构建、常见技术方案、周边生态工具等进行了细致、深入地讲解。

工作原理维度：

对Electron及其周边工具的原理进行了深入讲解，包括Electron依赖包的原理、Electron原理、electron-builder的原理等。

工程构建维度：

讲解了如何驾驭和构建一个大型Electron工程，包括使用各种现代前端构建工具构建Electron工程、自动化测试、编译和调试Electron源码等。

技术方案维度：

总结了实践过程中遇到的一些技术难题以及应对这些难题的技术方案，包括跨进程消息总线、窗口池、大数据渲染、点对点通信等。

周边工具维度：

作者根据自己的"踩坑"经验和教训，有针对性地讲解了大量Electron的周边工具、库和技术，涉及Qt开发框架、C++语言、Node.js框架甚至Vite构建工具等，帮助读者拓宽技术广度，掌握开发Electron应用需要的全栈技术。

推荐阅读